整形修剪轻松学系列

图解
葡萄整形修剪从入门到精通

牛生洋　郝峰鸽　姜建福　主编

U0238930

中国农业出版社
北　京

图书在版编目（CIP）数据

图解葡萄整形修剪从入门到精通/牛生洋，郝峰鸽，姜建福主编．—北京：中国农业出版社，2021.12（2023.10重印）
（整形修剪轻松学系列）
ISBN 978-7-109-28124-0

Ⅰ.①图…　Ⅱ.①牛…②郝…③姜…　Ⅲ.①葡萄-修剪-图解　Ⅳ.①S663.105-64

中国版本图书馆CIP数据核字（2021）第064957号

中国农业出版社出版
地址：北京市朝阳区麦子店街18号楼
邮编：100125
责任编辑：郭　科
版式设计：杜　然　　责任校对：沙凯霖　　责任印制：王　宏
印刷：北京通州皇家印刷厂
版次：2021年12月第1版
印次：2023年10月北京第2次印刷
发行：新华书店北京发行所
开本：880mm×1230mm　1/32
印张：4
字数：115千字
定价：32.00元

版权所有·侵权必究
凡购买本社图书，如有印装质量问题，我社负责调换。
服务电话：010－59195115　010－59194918
投稿联系：郭编辑（13581989147）

编 辑 委 员 会

主　编：牛生洋　郝峰鸽　姜建福

参　编：李桂荣　孙海生　孙　磊　陈锦永

　　　　高登涛　司　鹏　李　民　申公安

主　审：刘崇怀

前　言

本书以图文结合、注重图解的方式，介绍了葡萄整形修剪技术从入门到精通的相关内容，主要包括葡萄整形修剪的基础知识及其生物学基础，葡萄修剪的时期、程度和方法，葡萄树体结构与结果枝组培养，葡萄整形修剪技术的综合运用，以及整形修剪应注意的问题等。全书内容简明扼要，技术先进实用，图解直观生动，文图相得益彰，便于学习和操作，适合葡萄专业户、葡萄种植爱好者、广大农民学习使用，也可供果树技术人员和农林院校有关专业的师生阅读参考。

本书所列各种实例只适合某些地区，仅供读者朋友参考。书中提到的各种技术因葡萄种类、物候期和环境条件的差异，其效果也会不同，谨请读者朋友在使用时参考。本书的编写得到了河南省自然科学基金项目（202300410164）的资助。在本书编写过程中，河南科技学院、中国农业科学院郑州果树研究所领导给予了热情的关怀；此外，许多葡萄种植行业的朋友提供了相关资料、数据及照片，在此，向原作者、各位同行和朋友表示衷心的感谢。

限于编者水平，书中不妥之处在所难免，敬请读者指正。

编者

2021年7月

目　录

第一章

葡萄整形修剪的基础知识

葡萄树主要器官名称

葡萄年生长周期

葡萄修剪的时期

葡萄整形修剪的依据

葡萄整形修剪的发展趋势

一、葡萄树主要器官名称

1 主干、主蔓、枝组和结果母枝

葡萄成龄植株的枝蔓由主干（也有无主干的）、主蔓、侧蔓（也有无侧蔓的）、枝组、结果母枝、一年生枝等组成（图1-1）。主干是指葡萄从地面到发生分枝处这一段树体；从第一个分枝处向上的多年生树体称为主蔓（单干水平树形则为结果臂），无主干树形的主蔓则直接从地面分出；主蔓上分生出的多年生枝蔓称为侧蔓；主蔓或侧蔓上直接着生的枝条称为枝组；枝组上保留的用于来年萌发形成新梢结果的一年生枝，经修剪后称为结果母枝。

图1-1 葡萄各部位枝蔓的称谓

1.主干 2.主蔓 3.枝组 4.一年生枝

2 芽

芽在葡萄枝条叶腋中形成并发育，萌发长成新梢，从而使植株生长延续和更新。葡萄的芽分为夏芽、冬芽和隐芽（休眠芽）。

夏芽

夏芽（图1-2）着生在叶柄基部内侧的叶腋中，当年形成，并在当年萌发。夏芽是没有鳞片保护的“裸芽”，属于没有休眠期的早熟芽，不能越冬。夏芽抽生的枝条称夏芽副梢（图1-3）。有些品种如户太8号、巨峰等的夏芽副梢结实力较强，在气候条件适宜、生长期较长的地区，可以进行二次或三次结果。

图1-2　夏　芽

图1-3　夏芽副梢和冬芽

冬芽

冬芽（图1-3、图1-4）位于夏芽副梢的基部，体型肥大，外被鳞片，内密生茸毛。冬芽具有晚熟性，一般在形成当年处于休眠状态，经过冬季休眠后于次年春季萌发长成新梢（主梢）。发育良好的冬芽，内部包括1个主芽和2～6个预备芽，位于中心的一个发育最旺盛，称为主芽，周围的称为预备芽。在一般情况下，只有主芽萌发，当主芽受伤或在修剪过重的刺激下，预备芽也能抽梢。有时在1个冬芽上，同时萌发出2～3个新梢，形成“二生枝”或“三生枝”。冬芽中的主芽实际上是一个紧缩的新梢原基，有节和节间，其上交替着生幼叶、卷须和花序原基。冬芽形成后，如果遇到重摘心等刺激也会在当年萌发形成新梢，称为冬芽副梢（也是副梢的一种）。

图1-4　休眠期的葡萄冬芽

隐芽（或休眠芽）

隐芽位于枝梢基部，通常不会萌发，当受到强烈刺激，如重回缩等，便能萌发（图1-5）。葡萄隐芽的寿命长，一般无花序，但有的品种也能形成花序。大量隐芽的存在，使葡萄植株有很强的再生能力，有利于树体更新复壮。

图1-5 重回缩后刺激隐芽萌发形成的新梢

3 新梢和副梢

春季，葡萄冬芽萌发形成的枝条称为新梢（图1-6），新梢上叶腋处芽眼萌发形成的枝条称为副梢，副梢叶腋处长出的枝条称为二级副梢，二级副梢叶腋处长出的枝条称为三级副梢。夏芽萌发形成的副梢称为夏芽副梢（图1-3），冬芽萌发形成的副梢称为冬芽副梢。进入冬季，新梢和副梢落叶后称其为一年生枝（图1-7），也就是说从萌芽后到落叶前均为新梢和副梢。

图1-6 春季冬芽萌发形成的新梢

图1-7 一年生枝

4 结果枝、营养枝和萌蘖枝

由结果母枝萌发的新梢中，带有花序或果实的新梢，称为结果枝；没有花序或果实的新梢称为营养枝（图1-8）。如果结果枝上的花序或果实自然退化或被人工强制疏除，结果枝就成了营养枝。多年生枝蔓上隐芽萌发出的枝条称为萌蘖枝（图1-9）。

图1-8 结果枝和营养枝

图1-9 主干上隐芽萌发形成的萌蘖枝

5 叶片和叶幕

叶片

葡萄叶片是光合作用制造有机养分的主要器官。叶片通过蒸腾作用，一方面在高温时降低树体温度；另一方面，所产生的蒸腾拉力为水分及矿质营养向上运输提供动力。叶片还具有一定的吸收能力，因此可通过喷施叶面肥补充营养，但需要注意的是，叶背面的吸收作用强于叶正面，因此在喷施叶面肥的时候要“面面俱到”，喷施农药也是同样的道理。叶片通过呼吸作用，降解光合产物，为生长及结果提供能量和原料。

葡萄叶片从展叶到长至正常大小，需要0.5 ~ 1个月，其光合效率随着叶片逐渐成熟而增强。幼叶长到正常大小的1/3时，光合作用的产物已经可以满足自身呼吸消耗，幼叶再继续增大就可以向其他器官或组织供给有机营养了，等长到叶片正常大小时，其光合效率达到最大，以后，则随着叶片的衰老而降低。一般在初花期和幼果期，以4 ~ 8节上的叶片光合效率最高；着色期到采收期，则以8 ~ 12节上的叶片光合效率最高。

温馨提示

在生产管理上，春季应促进叶片迅速增大，秋季延缓叶片衰老，以充分发挥其光合能力，为高品质果品生产提供保障。

叶幕

叶幕是指叶片在树冠内集中分布的群集总体。合理的叶幕才能充分和有效利用太阳光能进行光合作用。如何判断叶幕是否合理？第一，叶幕的直接受光面积。由于叶幕主要由架面决定，所以架面的大小可以间接反映出叶幕受光的表面积。但是在篱架情况下，并非整个架面都能在一天的大部分时间接受良好的光照，在架面的下端近地部分，特别是在行距较小时，往往光照较差。第二，叶幕的厚度。在叶幕受光面积相同的情况下，由于叶幕的厚度不同，处于叶幕内不同层次的叶片受光差异很大。叶幕表层的叶片可以充分受光，一般可吸收90% ~ 95%的光合有效辐射，而叶幕内各层叶片的受光情况则急剧恶化。因此，为了维持合理而高效能的叶幕，不仅要有合理的叶片数和叶面积，构成叶幕的叶片也应该保持高效能。在生长的前、中期应尽量减少发育不良的叶片、严重荫蔽的叶片、徒长的叶片等，后期适当摘除功能衰退的枝条基部老叶，并利用副梢叶。

6 卷须、花序和花

卷须

葡萄卷须一般从新梢第3 ~ 6节起开始着生，副梢从第2节起开始着生，卷须与叶片对生（图1-10）。卷须在新梢上的着生部位，不同葡萄种群间表现出一定差异。一般欧亚种群和东亚种群，卷须在新梢上连续着生

两节后空一节，呈不连续分布；美洲种群葡萄的卷须在新梢上分布是连续的；欧美杂种葡萄的卷须，则常呈不规则分布。葡萄的卷须有不分叉的简单型和双叉、三叉、四叉的复合型。在自然条件下，卷须把新梢和果穗固定在支撑物上的同时，自身逐渐木质化。

间断（巨峰）　　连续（康可）

图1-10　卷须及其类型

花序

花序（图1-11）在新梢上发生的位置与卷须相同，但通常只着生在下部数节。欧亚种群，1个结果枝上有1 ~ 2个花序，多着生在新梢的第5 ~ 6节；美洲种群和欧美杂种，1个结果枝有1 ~ 4个花序或更多，多从新梢的第3 ~ 4节开始着生。结果枝上的花序，自下向上依次变小。结果枝率与品种、栽培条件有关，欧美杂种的结果枝率达90%以上。通常肥水充足，栽培条件好的葡萄树结果枝率比较高。

葡萄的花序在植物学上

图1-11　葡萄花序

属聚伞圆锥花序，或复总状花序，由花序轴、花梗和花朵组成。1个发育完全的花序有花200～1 500朵不等，花序中部的花朵质量最好。四倍体葡萄品种的花序大，花朵也大。

花

葡萄的花很小，根据花朵内雌蕊和雄蕊发育的不同情况，分为3种类型（图1-12）：①两性花（完全花），具有正常的雌蕊和雄蕊，雄蕊直立，花丝较长，花药内有大量可育性花粉。②雌能花，雌蕊发达，雄蕊的花丝短且开花时向下弯曲，花粉无发芽能力，表现雄性不育。雌能花葡萄在授粉情况下，可以正常结果，否则只形成无核小果，并且落花落果严重。③雄性花，雌蕊退化，仅有雄蕊，不能结实。雌能花和雄性花称不完全花。

雌能花（郑果8号）

两性花（巨峰）

雄性花（蘡薁）

图1-12　葡萄花的类型

生产上绝大多数品种为两性花，可以自花结实或异花结实。少数品种为雌能花，如黑鸡心、白玉等。葡萄野生种类常为雌雄异株，一些砧木品种也是单性花，如420A、110R、SO4为雄性花品种。

两性花由花梗、花托、花萼、雌蕊、雄蕊、蜜腺等组成。花萼不发达，5个萼片合生，包围在花的基部，5个绿色花瓣自顶部合生在一起，形成帽状花冠，开花时花瓣基部与子房分离，并向上外翻，呈帽状脱落。每朵花有雌蕊1个，子房上位，心室2个，每室有2个倒生胚珠，子房下部有5个圆形的蜜腺；雄蕊5个，有时可达6 ~ 8个，由花丝和花药组成。花药上有花粉囊，开花时花粉囊纵裂，花粉散出。

葡萄的花粉粒很小，黄色，二倍体与多倍体花粉粒的大小与形态具有差别。四倍体花粉粒明显大于二倍体，如巨峰花粉粒的直径比白香蕉的大32%左右。多倍体的花粉发芽较慢，花粉管短而粗，发芽率低于二倍体。

葡萄大部分品种需经授粉受精后方可发育成果实，这些果实大都是有核的，但有些品种种子败育形成无核葡萄。某些品种可不经受精，子房也能自然膨大发育成果实，这种现象称为单性结实，发育成无核葡萄。也有少数品种开花时，部分花朵花冠并不脱落，而在花朵内进行自花受精，这种方式叫闭花受精。

7 果穗和果粒

果穗

葡萄经开花、授粉、受精、坐果后，花朵的子房发育成果粒，花序形成果穗。果穗由穗轴、穗梗及果粒组成。果穗因各分枝的发育程度不同而呈各种形状，如圆柱形、圆锥形和分枝形等（图1-13）。

圆柱形
（巧保2号）

圆锥形
（郑州早玉）

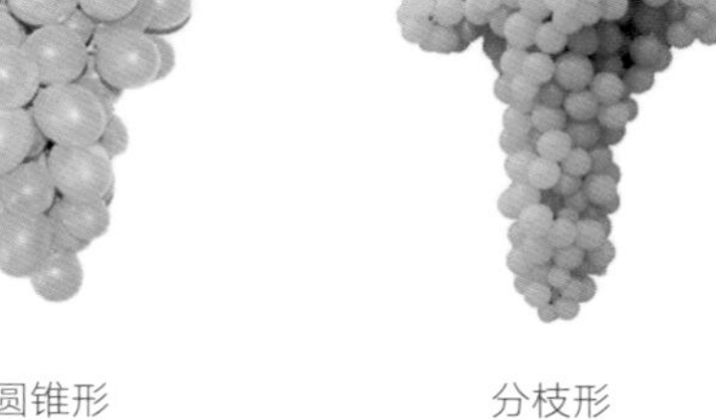

分枝形
（巴勒斯坦）

图1-13　果穗形状

穗梗上有节，称为穗梗节，从穗梗节上常常分化出卷须，其上或有少数花朵，并能发育成1个果穗分枝，有时甚至形成相当发达的副穗。各级穗轴分枝有比较发达的机械组织和输导组织，能有效地承受果实重量，并保证向果粒中输送大量养分。

果穗上果粒着生的紧密度，通常分为极紧（果粒之间很挤，果粒变形）、紧（果粒之间较挤，但果粒不变形）、中等（果穗平放时，果穗稍有变形）、松（果穗平放时，果穗显著变形）、极松（果穗平放时，果穗所有分枝几乎处于一个平面上）（图1-14）。果粒的大小和紧密度对鲜食品种较为重要，鲜食葡萄的果穗以果穗丰满，果粒充分发育，紧密度适中为佳。

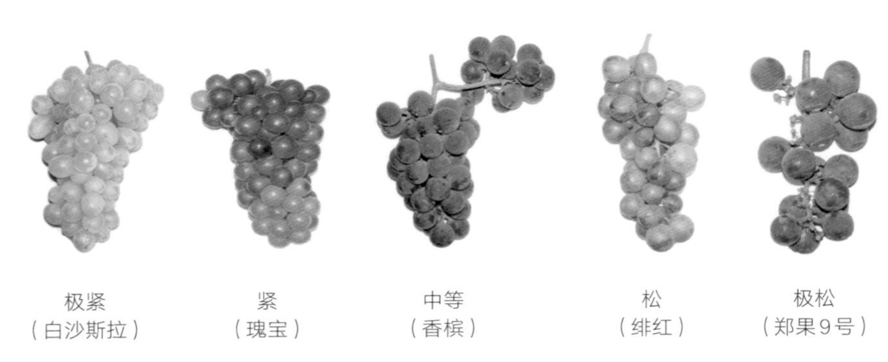

图1-14　果穗紧密度

果粒

葡萄的果粒为浆果，由子房发育而成，包括果梗（果柄）、果蒂、外果皮、果肉（中果皮）、种子、果刷等（图1-15）。果粒的大小因品种而异，表现在果粒重及纵、横径等方面。果粒形状有圆形、鸡心形、钝卵圆形、椭圆形、弯形等（图1-16）。

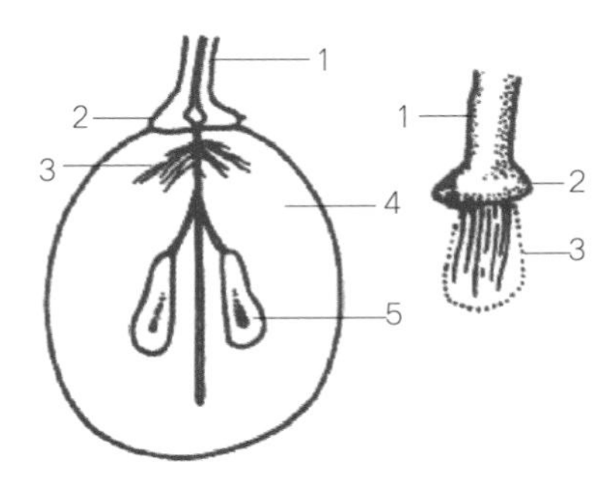

图1-15　葡萄的果粒示意

1.果梗　2.果蒂　3.果刷　4.果肉　5.种子

果粒颜色，主要由果皮中花色素和叶绿素含量的比例所决定，也与果粒的成熟度、受光程度以及成熟期天气的温度、湿度有关。果粒颜色主要有黄绿色、粉红色、红色、紫红色、蓝黑色等（图1-17）。

果粒的结构特点，包括果粒大小、果肉质地、果刷大小，以及果皮细胞壁的厚薄等都影响果粒的耐压力和耐拉力，从而影响葡萄的耐储运性。

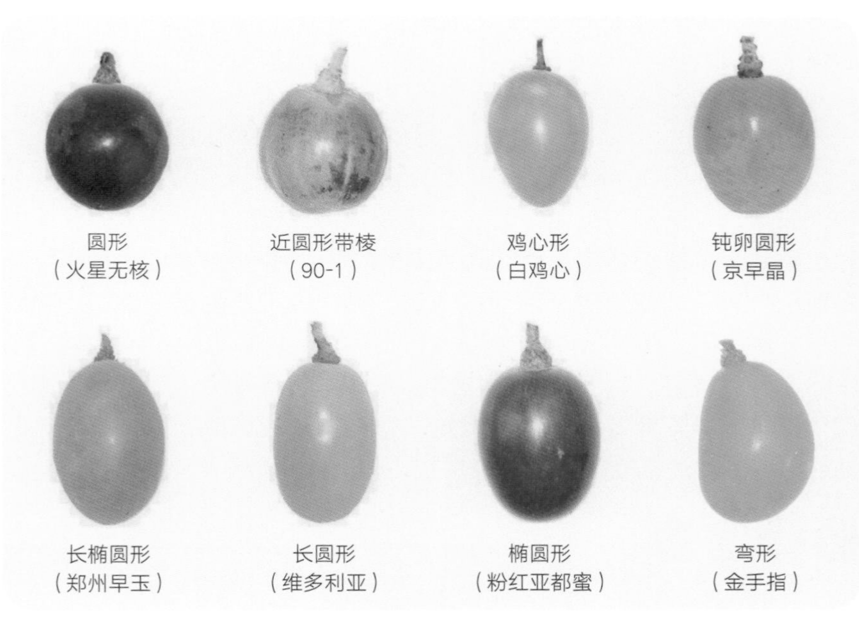

图1-16　葡萄果粒形状

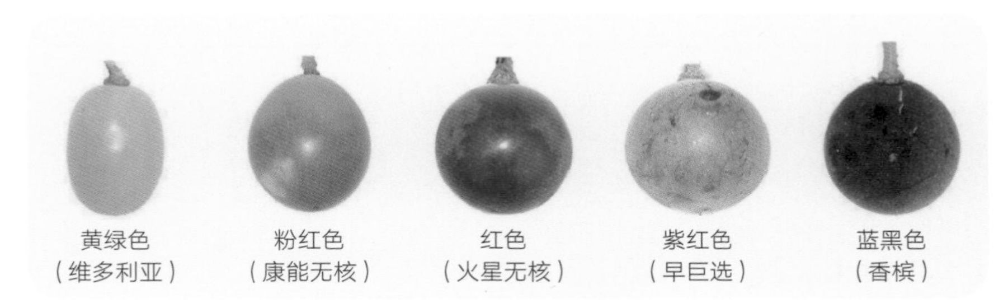

图1-17　葡萄果粒颜色

二、葡萄年生长周期

葡萄年生长周期（又称物候期）呈现出明显的季节性变化，概括起来可分为两个时期：休眠期和生长期。葡萄的整形修剪通常是根据葡萄所处的物候期进行操作，因此对于任何从事葡萄生产和管理的人员必须能够准确判定出葡萄树所处的物候期，从而使管理有的放矢。

1 休眠期

葡萄的休眠期从冬天落叶开始至翌年春季伤流开始为止。落叶后，树体生命活动并没有完全停止，生理变化仍在微弱地进行。休眠可分为自然休眠和被迫休眠。自然休眠是指外界温度在10℃以上芽也不萌发时的休眠，即使外界环境条件适宜，植株也不能生长。生产上为了打破自然休眠，除了低温的方法外，可运用单氰胺、赤霉素、激动素、冷热交替处理等，都有一定的作用。自然休眠结束后，气温和土温仍然很低，外界温度低于10℃，限制了芽萌发时的休眠，称为被迫休眠期，一旦条件适合随时可以萌芽生长。

温馨提示

一些热带地区，葡萄一年四季都在生长，不能自然落叶，为了让植株长出新的枝条和结果，就需要诱发休眠，即采取人工摘叶、重剪根系和停止灌水等措施，让植株生长停止一段时间。

2 生长期

葡萄的生长期从春季伤流开始到冬季落叶为止，生长期的长短主要取决于当地无霜期的长短。葡萄的生长期可以分为以下几个时期，具体判断可以参照表1-1和图1-18至图1-38。

表1-1 生长期中各物候期描述

序号	物候期	状态描述
1	伤流期	春季枝条伤口流出树液
2	绒球期	芽眼鳞片开裂，露出褐色茸毛
3	萌芽期	幼叶从茸毛中露出
4	叶片显露期	丛状幼叶从茸毛中长出，基部仍可看到少量鳞片和茸毛
5	展叶期	新梢清晰可见，第一片幼叶完全展开
6	花序显露期	梢尖可见花序
7	新梢快速生长期	新梢第3片叶完全展开到花序上的小分枝展开
8	花序分离期	花序伸长，小分枝展开，但花朵仍为丛状
9	花朵分离期	花序外形达到其典型形状，花朵各自分离
10	始花期	花序上有少量花朵开放
11	盛花期	花序上80%以上的花朵开放
12	谢花期	花序上80%花朵上的花药干枯脱落
13	坐果期	花序上的花朵发育成幼果，但部分幼果上还残留有干枯的花药
14	生理落果期	用手轻弹果穗，有少量幼果开始脱落
15	幼果期	果实不再脱落，开始生长
16	果实膨大期	果实迅速生长，并表现出该品种的某些果实特征
17	封穗期	果穗拥有完整的形状，果粒之间相互接触
18	转色期	有色品种少量果粒开始着色，无色品种少量果粒开始变软
19	果实采摘期	果实表现出该品种应有的风味，开始采摘、食用
20	枝条成熟期	枝条颜色变成红褐色，木质化
21	落叶期	叶片变黄，开始脱落

图1-18 伤流期

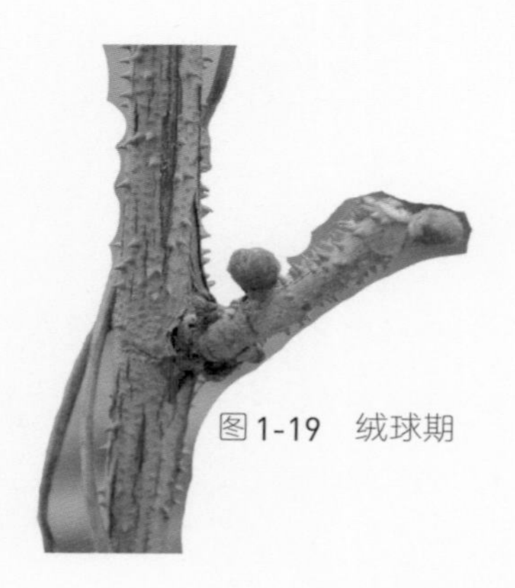

图1-19 绒球期

图1-20 萌芽期

图1-21　叶片显露期

图1-22　展叶期

图1-23　花序显露期

图1-24　新梢快速生长期

图1-25　花序分离期

图1-26　花朵分离期

图1-27 始花期

图1-28 盛花期

图1-29 谢花期

图1-30 坐果期

图1-31 生理落果期

图1-32 幼果期

图1-33　果实第一次膨大期

图1-34　封穗期

图1-35　转色期

图1-36　果实采摘期

图1-37　枝条成熟期

图1-38　落叶期

三、葡萄修剪的时期

1 冬季修剪

冬季修剪也称为休眠期修剪，一般在葡萄落叶后15天开始，到伤流前1个月结束。根据气候特点，并结合栽培方式，北方一般冬季修剪从每年12月中旬到来年的1月下旬。葡萄落叶后，枝蔓中的养分回流到根系储藏起来，供翌年早期生长用。如果修剪过早，养分回流不完全，造成养分损失，引起树势衰弱，而修剪过晚，树液开始流动，造成伤流，同样也损失营养。

温馨提示

冬季修剪要考虑树势，对于生长势过旺的树，可早点修剪，甚至带叶修剪，剔除养分，削弱树势；对于弱树，适当晚剪，待养分充分回流，以促长树势。

2 夏季修剪

夏季修剪的实质是生长季修剪，从葡萄萌芽显叶开始，到落叶前为止。一般北方进入9月以后，葡萄的新梢生长量减少，在生产上去副梢、摘心的工作基本结束，也就是说，葡萄园的夏季修剪工作在9月就已经结束了。

四、葡萄整形修剪的依据

1 生态条件

在不同的生态条件下，葡萄要采取不同的栽培模式，如冬季覆土越冬区，要采用低干小冠树形，以便于秋后下架埋土；而在多雨高温的南方，则采用高干树形为宜，以利于通风，减轻病害的发生。

2 品种特性

根据不同葡萄品种的生长、结果习性，来考虑葡萄架式、树形以及相应的修剪方法。对生长势强旺的品种，如龙眼、红地球等，以大架面、大树冠、长梢修剪为宜；而生长势弱的品种，如玫瑰香、葡萄园皇后等，则以小架面、小树冠、中短梢修剪为宜。

3 栽培条件

在机械化程度高的地区，葡萄的栽植方式和整形方式，要便于机械作业。土壤肥沃、肥水条件好的地区，可采用大架面、大树冠整形修剪模式；土壤瘠薄、肥水条件差的地区，要采用小架面、小树冠、短梢整形修剪模式。大架面前期投资大，进入结果期晚，而小架面前期投资小，进入结果期早。密植的早期产量高，稀植的前期投资少，这需要根据生产者的经济状况而定。

五、葡萄整形修剪的发展趋势

1 简化修剪

在覆土越冬区，为了追求葡萄的早期产量，随着育苗水平的提高，苗木价格的下降，栽培方式也由稀植大冠形向密植小冠形的方向发展。因此，广泛应用的多主蔓扇形，逐渐被一条主蔓的龙干形所代替，树体变小。除扩大树冠的延长枝或长势过旺盛的品种采用长梢修剪外，其余多采用短梢修剪，修剪技术逐步简化。

在不覆土越冬区，“高、宽、垂”栽培方式因通风透光良好，管理简便，而逐渐成为主流。

2 控制产量

为了保证葡萄的品质，必须对产量有所限制。应改变片面追求高产的生产习惯，向生产优质果品转变，要将产量目标改变为效益目标。

3 重视果穗管理

树体管理的重点，由枝蔓管理转向果穗管理。随着市场国际化，对鲜食品种果穗的大小、形状、松紧度和整齐度的要求日益提高，果穗管理越来越精细，投工也越来越多，当然效益也越来越好。

第二章

葡萄生产中常用的架式与树形

常用架式

常见树形及其在不同架式上的应用

常用树形的培养

葡萄为藤本植物，在生产中，为了获得一定产量的优质果实以及栽培管理的方便，必须使葡萄生长在一定的支撑物上，并具有一定的树形，而且必须进行修剪以保持树形，调节生长和结果的关系，尽量利用和发挥品种的特性，以求达到丰产、稳产、优质的目的。需要说明的是，树形和架式之间虽然联系紧密，但并不是因果关系，同一种架式可以用不同的树形，同一个树形也能够应用到不同的架式上。

一、常用架式

1 篱架

这类架式的架面与地面垂直或略倾斜，葡萄枝叶分布在架面上，好似一道篱笆或臂篱，故称为篱架。篱架在葡萄栽培中应用广泛，其主要类型有单臂篱架、双臂篱架、“十”字形架（T形架）和Y形架等。

单臂篱架

图2-1为单臂篱架系统及其组成。主要由立柱和立柱上的拉丝构成，通常立柱高度2.0 ~ 2.5米，地上部架高1.5 ~ 2.0米，地下部入土50厘米左右，立柱行间距离为2 ~ 3米，行上距离4 ~ 6米（图2-2），其上架设3 ~ 5道拉丝。从地面向上数第一道拉丝称为定干线，距地面距离为80 ~ 120厘米，定干线上面的拉丝称为引绑线，间距为40厘

图2-1 水泥材质的单臂篱架系统

图2-2　单臂篱架葡萄园立柱间距

米左右。近年来，随着滴灌的推广，在定干线下距地面50厘米左右还会再架设一道拉线，用于固定滴灌管（图2-2）。葡萄树向上生长，当布满架面后，远看像一个篱笆墙。该架式优点是适于密植，树形成形早，前期产量高，便于机械化管理，其缺点是有效架面较小，利用光照不够充分。目前在酿酒葡萄上应用较为普遍，鲜食葡萄上也有应用。

双臂篱架

双臂篱架是对单臂篱架的一种改良，将原来定植行上的单行立柱，换成间距60～100厘米的等高埋设的双行立柱（图2-3）。通常水泥立柱高2.0～2.6米，埋入土中50厘米左右，地上部1.5～2.1米，立柱的行间距离与行上距离为（1.5～3.0）米×（4～6）米。立柱上每隔30～40厘米拉一道铁丝。植株栽在两篱架下面，枝蔓分别向两侧架面上爬。该架式优点是有效架面较大，能够充分利用光照；缺点是通风透光条件较差，不便于机械化管理。

图2-3　双臂篱架

“十”字形架（双“十”字形架和多“十”字形架）

通常立柱高2.3～2.5米，立柱埋入土中50厘米左右，地上部1.8～2.0米，立柱的行间距离与行上距离为（2～3）米×（4～6）米。如果只在立柱中上部安装一道横梁，则叫“十”字形架（图2-4）；如果在立柱中上部固定两个横梁（通常一个横梁固定在立柱的顶部，一个横梁固定在立柱的中上部，两个横梁间距40～50厘米）称为双“十”字形架（图2-5、图2-6），也有在立柱上架设多个横梁的多“十”字形架（图2-7）。建园时，横梁两端和立柱地面上0.7～1.2米处（定干线），都要牵引上镀锌钢丝，从而形成一个完整的架材系统。该架式与单臂篱架相比具有树体间通风透光好，架面空间大，产量高等优点，为葡萄生产上的理想架式。

“十”字形架与双“十”字形架相比，相同立柱高度下，架面相对小些，对光照的利用少些。“十”字形架只有两根引绑线（双“十”字形架为4根引绑线）支撑架面的枝条，因此选用的镀锌钢丝应该粗一些。

图2-4 水泥立柱镀锌矩钢横梁的“十”字形架

图2-5　水泥立柱木质横梁的双“十”形字架

图2-6　全钢结构的双“十”字形架

图2-7　张裕爱斐堡的多“十”字形架

葡萄"十"字形架（双"十"字形架和多"十"字形架）主要由立柱（边柱、中柱、支柱）、横梁、拉丝（定干线、引绑线、锚线）和锚石组成（图2-8）。该架式横梁的长短至关重要，生长势旺盛的品种，横梁应适当加长，使引绑后的两侧枝条分别与中柱的夹角角度大于45°，以利于缓和树势，促进花芽分化；对于长势较弱的葡萄品种如京亚、巨峰等，横梁的长度只要使引绑后的枝条与中柱的夹角角度不小于30°即可。通常"十"字形架的横梁长度为120～180厘米，双"十"字形架的下部横梁长60～120厘米，上部横梁长100～180厘米。

近年来随着简易避雨栽培的大面积应用，在制作葡萄篱架立柱时将边柱和中柱的地上部再增高80～100厘米，达到2.5～3.0米（上部横梁距离立柱顶端为80～100厘米），从而将避雨

图2-8 双"十"字形架的架材系统

棚的立柱和葡萄篱架的立柱合二为一（图2-9），避免后期的架材改造（图2-10）。即使后期不搭避雨棚也可以用来搭建防鸟网。

图2-9　避雨棚立柱和葡萄篱架立柱二合一的双“十”字形架

图2-10　后期改造成的简易避雨棚

Y形架

葡萄生产上常见的Y形架有两种类型，第一种如图2-11和图2-12所示的标准Y形架，在一个立柱的顶端固定两个张开的斜梁，为了让斜梁稳固，通常又使用一个横梁将两个斜梁连接。定干线固定在立柱和斜梁连接的位置，距离地面80 ~ 150厘米，引绑线一般为4根，分2层分别位于斜梁的中部和顶端，间距30 ~ 45厘米。该架式适合没有大风危害的地区使用。

图2-11　低干Y形架

图2-12　高干Y形架

另外一种是如图2-13所示的改良后的Y形架。该架式由立柱和立柱上焊接的斜梁和横梁组成。在立柱上拉定干线，距离地面80 ~ 120厘米，在斜梁上拉2层共计4根引绑线。该架式结构坚固，适合在有大风危害的地区使用。

图2-13 改良后的Y形架

改良后的Y形架立柱高2.3～2.5米，立柱埋入土中50厘米左右，地上部1.8～2.0米，立柱的行间距离与行上距离为（2～3）米×（4～6）米。立柱拉一道拉丝作为定干线，立柱两侧的斜梁上拉2层4根引绑线，从而形成一个完整的架材系统。斜梁长度一般为80～150厘米。该架形斜梁的开张角度较为重要。生长势旺盛的品种，角度大于60°，以利于缓和树势，促进花芽分化。对于长势较弱的葡萄品种，如京亚、巨峰等，横梁的长度只要使引绑后的枝条与中柱的夹角角度不小于45°即可。

在实际生产中为了降低制作难度，通常按照图2-14、图2-15的样式进行制作，称为改良式Y形架。近年来随着简易避雨栽培的大面积应用，利用立柱搭建避雨棚的横梁，使用12号镀锌钢丝代替图2-14、图2-15样式中的斜梁（图2-16），拉丝在斜梁上的固定方法参照图2-17。

图2-14 架设避雨棚的Y形架

图2-15　带避雨棚的水泥立柱木质斜梁的Y形架

图2-16　用镀锌钢丝代替斜梁的Y形架

图2-17　镀锌钢丝代替斜梁的Y形架拉丝在斜梁上的固定方法

2 棚架

在立柱顶部架设横梁，在横梁上牵引拉丝，形成一个离地面较高，与地面倾斜、平行或隆起的架面，如果架面倾斜则叫倾斜式棚架（图2-18、图2-19），架面水平则叫水平式棚架（图2-20），架面隆起则叫屋脊式棚架（图2-21）。棚架又根据是单独架设还是连迭架设分为单栋棚架（图2-18、图2-21）和连栋棚架（图2-19、图2-20）。

图2-18　单栋倾斜式棚架

图2-19 连栋倾斜式棚架

图2-20 连栋水平式棚架

图2-21 单栋屋脊式棚架

棚架比较适合丘陵山地，也是庭院葡萄栽培常用的架式（图2-22）。在冬季防寒用土较多、行距较大的平原地区，也宜采用棚架栽培。优点是土肥水管理可以集中在较小范围，而枝蔓却可以利用较大的空间。在高温多湿地区，高架有利于减轻病害。主要缺点是管理操作比较费事，机械作业比较困难，管理不善时易严重荫蔽，并加重病害发生。

图2-22　山区庭院的葡萄倾斜式棚架

倾斜式棚架

按照行间距和柱间距埋好立柱后，在立柱顶部垂直行向架设一端高一端低的横梁，顺行向在横梁上牵引数道拉丝，形成一个倾斜状的棚面，葡萄枝蔓分布在棚面上，通常架长50～100米，架宽3～4米，架根高1.2～1.6米，架梢高1.6～2.0米（图2-23）。

该架式因其架短，葡萄上下架方便，目前在我国防寒栽培区应用较多。其主要优点是：适于多数品种的长势需要，容易调节树势，产量较高又比较稳产；同时，更新后恢复快，对产量影响较小，冬春季上下架容易，操作方便，是埋土防寒区的理想架式。倾斜式小棚架配合鸭脖式独龙干树形，为埋土防寒区最为常见的类型，既可以减轻病虫危害，又有利于埋土防寒。

非埋土防寒区，常将架根提高到1.5米以上，在其上拉2 ~ 3道拉丝，再形成一个篱架面，保留部分结果枝组，进行结果，以增加树形培养过程中的产量，生产上管这种改良过的倾斜式小棚架叫“棚篱架”（图2-23）。

图2-23 倾斜式棚架（棚篱架）

水平式棚架

通常采用柱粗12厘米 ×12厘米、柱高2.2 ~ 2.5米的钢筋水泥柱，或直径4厘米、高度2.2 ~ 2.5米的镀锌钢管为支柱，按照行间距和柱间距埋好后，在柱顶架设垂直行向的横梁，顺行向牵引12号以上的镀锌钢丝，然后在架顶纵横牵引拉丝，形成一个水平架面。通常架长50 ~ 100米，架宽3 ~ 4米，架高1.8米左右（图2-24、图2-25）。水平式棚架的优点：架体牢固耐久，架面平整一致。水平式棚架的缺点：一次性投资较大，架面年久易出现不平。

图2-24　镀锌钢管材质的连栋水平式棚架

图2-25　水泥材质的水平式棚架

近年来随着塑料大棚促成和避雨栽培在葡萄生产上的应用，水平式棚架重新得到重视，搭建时可以直接利用原有搭建大棚的立柱，从而节省架材投资，充分利用棚内空间（图2-24、图2-26）。另外水平式棚架也常用于停车场或庭院（图2-27）。

图2-26 利用大棚立柱搭建的水平式棚架

图2-27 用于停车场的水平式棚架

屋脊式棚架

屋脊式棚架与上述棚架的主要区别在于立柱顶部的棚面隆起成三角形（图2-28）、弧形（图2-29、图2-30）或半圆形（图2-31）。该架式主要用于葡萄园田间道路的美化，既可遮阴美化，又能生产。

图2-28　棚面为三角形的屋脊式棚架

图2-29　棚面为轻微弧形的屋脊式棚架

图2-30 棚面为弧形的屋脊式棚架

图2-31 棚面为半圆形的屋脊式棚架

3 篱棚结合的架式

高干“十”字形篱棚结合架，也称高干V形架。一般采用（3～4）米×（4～5）米的柱间距和行间距。通常边柱高3米左右，入土50厘米，柱粗15厘米×15厘米，距柱顶5厘米处有一过线孔，用于牵拉边线。中柱地上部高2.5米左右，粗8～10厘米，柱子正顶有深0.5厘米左右的“十”字形交叉凹槽，用来放置后续架设时的经纬线，距柱顶5厘米处有一过线孔，用于固定后续架设时的经纬线，干高1.5～1.6米处有一过线孔。边柱垂直埋设，内有支柱，外加锚线固定，埋设好后，使用直径0.5～1.0厘米的钢绞线拉四周的边线，边线拉好后，再在边柱顶端使用镀锌钢丝或钢绞线牵引经纬线，并用铁丝将经纬线固定（图2-32、图2-33）。该架式适用单干水平树形。

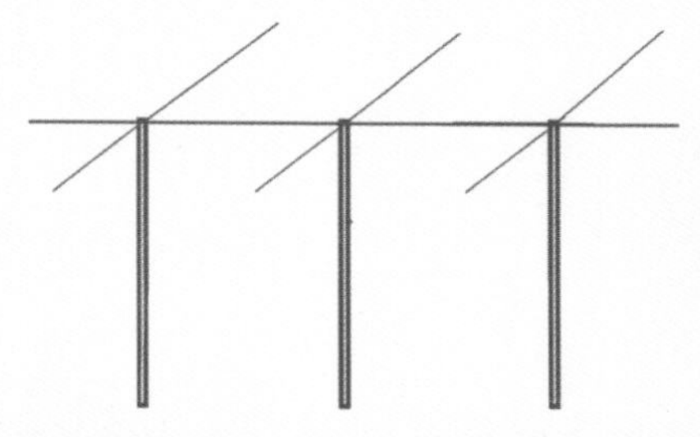

图2-32 高干“十”字形篱棚架示意

图2-33 水平式棚架演变而成的高干“十”字形篱棚架

二、常见树形及其在不同架式上的应用

1 多主蔓扇形树形

该树形的特点是从地面上分生出2 ~ 4个主蔓，每个主蔓上又分生1 ~ 2个侧蔓或无侧蔓，在主、侧蔓上着生结果枝组或结果母枝，上述这些枝蔓在架面上呈扇形分布（图2-34）。多主蔓扇形又可分为多主蔓自然扇形和多主蔓规则扇形。

该树形主要应用在单、双臂篱架，部分棚架（图2-35）上也可以应用。

图2-34 单臂篱架上的多主蔓扇形树形

图2-35 庭院棚架上的多主蔓扇形树形

2 单干水平树形

单干水平树形主要包括一个直立或倾斜的主干，主干顶部着生一个或两个结果臂，结果臂上着生结果枝组。如果只有一个结果臂则为单干单臂树形（图2-36），有两个结果臂则为单干双臂树形（图2-37）。如果主干倾斜则为倾斜式单干水平树形（图2-38）。

图2-36　单干单臂树形　　图2-37　单干双臂树形

图2-38　倾斜式单干水平树形

该树形主要应用在单臂篱架、"十"字形架（包括双"十"字形架、多"十"字形架等）上，在非埋土防寒区也可以应用到水平式棚架上（图2-39）。

图2-39 水平式棚架上的单干双臂树形

3 独龙干树形

每株树即为一条龙干，长3～6米，主蔓上着生结果枝组，结果枝组多采用单枝更新修剪或单双枝混合修剪（图2-40）。如果一株树上留两个主蔓，则为双龙干树形。葡萄生产上为了便于冬季下架埋土防寒，通常将该树形改良成图2-41样式的鸭脖式独龙干树形。

该树形适用各种类型的棚架。

4 H形树形

H形树形由1个直立的主干和两个相对生长的主蔓组成，每个主蔓上分别相对着生两个结果臂，臂上着生结果枝组（图2-42、图2-43）。

该树形一般株行距为（4～6）米×（4～6）米，适合我国非埋土防寒区的水平式棚架栽培。

图2-40　冬剪后的棚架独龙干树形

图2-41　鸭脖式独龙干树形

图2-42　冬剪后的H形树形

图2-43 新梢生长期的H形树形

5 其他树形

另外在葡萄生产上，种植者根据当地的气候特点和栽培习惯，设计培养出一些特别的树形，如图2-44、图2-45所示。

图2-44 河北省怀来地区使用的一种篱架树形

图2-45 河南省郑州地区使用的一种篱架树形

三、常用树形的培养

1 单干水平树形的培养

单干水平树形，主要包括单干单臂树形（图2-36）、单干双臂树形（图2-37）和倾斜式单干水平树形（图2-38），其中单干单臂树形和单干双臂树形主要应用在非埋土防寒区，倾斜式单干水平树形主要应用在埋土防寒区。

单干单臂树形培养

①定植当年的树形培养和冬季修剪。定植时剪留2 ~ 4个芽。萌芽后选2个健壮新梢，作为主干培养，新梢不摘心；当2个新梢长到50厘米时，选留1个健壮新梢继续培养（该新梢可以插竹竿引绑生长，也可以采用吊蔓的方式引绑生长，如图2-46所示）；当新梢长过定干线（第一道铁丝）后，继续保持新梢直立生长，其上萌发的副梢，高于定干线30厘米以下的全部采用“单叶绝后”处理，高于30厘米以上的全部保留，并且只引绑不摘心，其上萌发的二级副梢全部采用“单叶绝后”处理；当新梢生长超过定干线60厘米以上时，将其顺葡萄行向引绑到定干线上，作为结果臂进行培养，当其生长到与邻近植株距离的1/2时进行第一次摘心，当其与邻近植株交接时进行第二次摘心。结果臂上生长的副梢全部保留，引绑到引绑线上即可（图2-47）。

单叶绝后

副梢留1片叶摘心，同时将副梢叶腋的夏芽和冬芽全部抹除，适用于冬芽容易萌发的品种，如红地球、美人指等，或节间长度超过20厘米，严重徒长的新梢。这种副梢处理方法可有效地增加叶面积，同时避免保留副梢反复摘心的麻烦。

图2-46 定植当年选留1个健壮新梢，用绳子吊蔓引绑生长

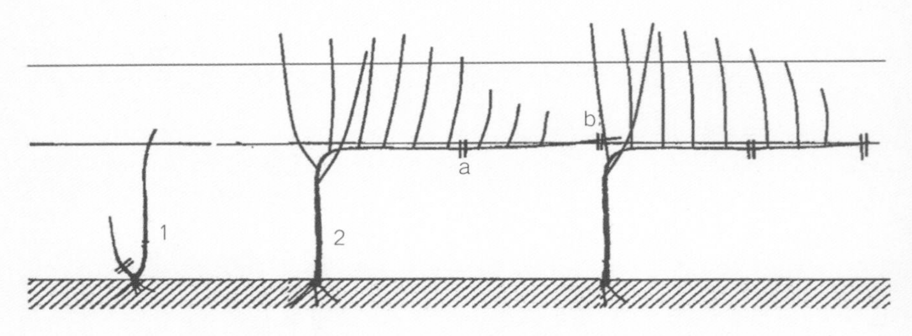

图2-47 单干单臂水平树形定植当年的新梢选留和结果臂培养

1.当新梢生长至50厘米以上时选留1个健壮生长的新梢 2.当新梢生长超过定干线60厘米以上后将其引绑到定干线上，作为结果臂培养 a.当结果臂生长到与邻近植株距离的1/2时进行第一次摘心 b.当结果臂与邻近植株交接时进行第二次摘心

冬季修剪时，如果结果臂上生长的枝条分布均匀（每隔10 ~ 15厘米有一个枝条），每个枝条都成熟老化（枝条基部成熟老化即可），并且粗度都超过0.5厘米，结果臂在粗度接近0.8厘米的成熟老化处剪截，结果臂上生长的枝条全部留2个饱满芽剪截（图2-48）。

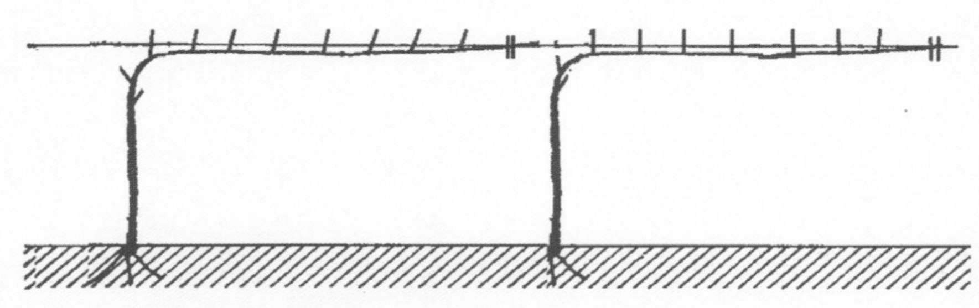

图2-48 单干单臂水平树形定植当年结果臂成熟老化，其上的枝条分布均匀并成熟老化，粗度超过0.5厘米的冬季修剪

如果结果臂仅在靠近主干的基部生长有成熟老化的枝条，中部和前端没有生长枝条或生长的枝条未能成熟老化（图2-49，1），或者结果臂基部和前端生长有成熟老化的枝条，中部没有生长枝条，都采取结果臂在粗度0.8厘米的成熟老化处剪截，结果臂上基部生长的枝条留2个饱满芽剪截，前端的枝条全部疏除（图2-49，2）。

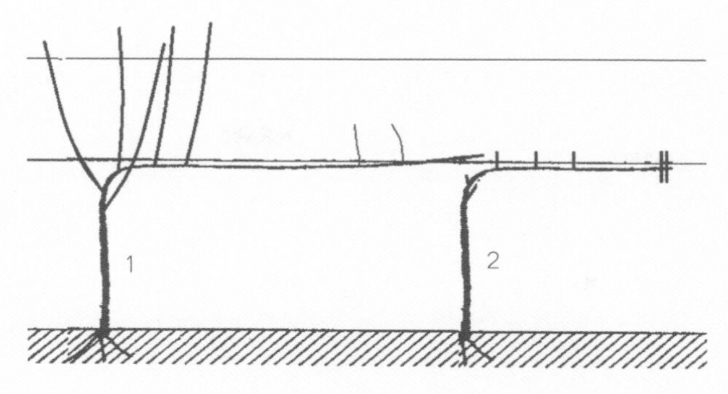

图2-49　单干单臂水平树形定植当年结果臂中部和前端没有生长枝条或枝条未能成熟老化的冬季修剪

1.生长季的状态　2.冬剪后的状态

如果结果臂上生长的枝条大部分未能成熟老化，或者仅在结果臂的中部和前端生长有枝条（图2-50，1），则结果臂上的枝条全部从基部疏除，结果臂在粗度0.8厘米的成熟老化处剪截，并且在春季萌芽前采用弓形引绑的方式将结果臂引绑到定干线上（图2-50，2）。

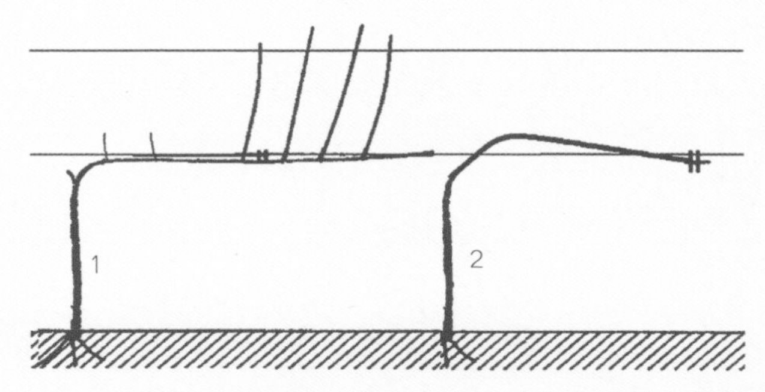

图2-50　单干水平树形定植当年仅在中部和前端生长有枝条的冬季修剪

1.生长季的状态　2.冬剪后的状态

②定植第二年的树形培养和冬季修剪。

▶对于保留结果母枝的葡萄树形培养和冬季修剪

萌芽后，每个结果母枝上保留2个新梢，粗度超过0.8厘米的新梢，保留1个花序结果；粗度小于0.8厘米的新梢上的花序则疏掉，所有新梢沿架面向上引绑生长，新梢上萌发的副梢在花序下部的直接抹除，花序上部的则根据品种生长特性采用不同的方法，冬芽容易萌发的品种如红地球采用“单叶绝后”处理，冬芽不易萌发的品种则直接抹除。

结果臂上直接萌发的新梢，位于结果母枝之间的直接抹除；位于没有结果母枝的结果臂前端的，每隔10 ~ 15厘米保留1个，全部向上引绑生长。对于结果臂没有与邻近植株交接的植株，可以在结果臂前端选留1个生长健壮的新梢，当其基部生长牢固（半木质化），长度超过60厘米后，作为延长头引绑到定干线上向前生长，其上的花序必须疏除，其上萌发的副梢每隔10 ~ 15厘米保留1个，向上引绑生长，这些副梢上萌发的二级副梢全部采用“单叶绝后”处理，当延长头与邻近植株交接时进行摘心，摘心后萌发的副梢向上引绑生长。冬剪时结果臂在粗度0.8厘米以上的成熟老化处剪截，结果臂上的结果枝组和一年生枝条全部采用单枝更新修剪（图2-51）。

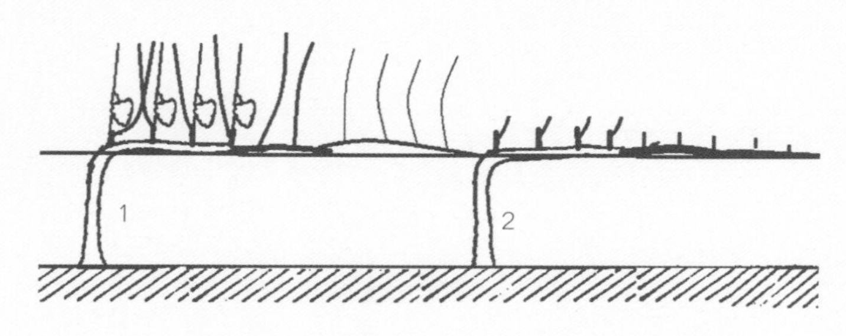

图2-51 对于保留结果母枝的葡萄树形培养和冬季修剪

1.生长季的状态 2.冬剪后的状态

▶对于没有保留结果母枝的树形培养和修剪

伤流前，对结果臂中后部的芽眼进行“刻芽”处理。萌芽后，当结果臂上的新梢长到30厘米后，再将结果臂放平到定干线上，捆绑好。结果臂上萌发的新梢每隔10 ~ 15厘米保留1个向上引绑生长，如果带有花序，可以根据树势选留1 ~ 3个新梢保留花序结果。对于结果臂没有与邻近植株交接的植株，可以在结果臂前端选留1个生长健壮的新梢，待其基部生长牢固，长度超过60厘米后，作为延长头引绑到定干线上向前生长，其上的花序必须疏除，其上萌发的副梢每隔10 ~ 15厘米保留1个，向上引绑生长，这些副梢上萌发的二级副梢全部采用“单叶绝后”处理，当延长头与邻近植株交接时进行摘心，摘心后萌发的副梢向上引绑生长。

冬剪时结果臂在粗度0.8厘米以上的成熟老化处剪截，结果臂上的结果母枝采用单枝更新修剪。

至此单干单臂树形的培养工作结束。对于部分结果臂没有交接的植株，按照第二年的方法继续培养。如果是在非埋土防寒区，将该树形应用到水平式棚架上，就是独龙干树形。

刻　芽

萌芽前，在芽上0.3~0.5厘米处用小刀或小钢锯切断皮层筛管或少许木质部导管，促发枝条，以弥补枝条空缺。刻芽时间选择在伤流前20~30天。尽量选底部芽，因为顶部芽顶端优势明显，不需要刻芽也能萌发。

单干双臂树形培养　单干双臂树形的培养有两种方法。

①第一种培养方法。当选留的新梢生长高度超过定干线后，在定干线下15厘米左右的位置摘心，然后在定干线下部选留3个新梢继续培养，当新梢生长到60厘米后，再选留两个新梢反方向弓形引绑到定干线上，沿定干线生长，其上的副梢全部保留，向上引绑生长，副梢上萌发的二级副梢全部采用“单叶绝后”处理。以后的树形培养与单干单臂树形基本相同，只不过把单臂换成双臂（图2-52）。

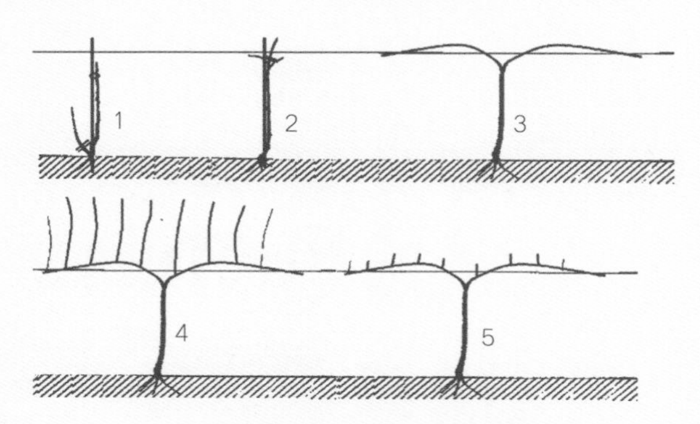

图2-52　单干双臂树形培养过程

1.选留主干　2.主干摘心保留3个副梢　3.选留2个副梢反方向弓形引绑到定干线上，培养成结果臂　4.结果臂上的副梢全部保留　5.冬季留1 ~ 2个芽进行短截

②第二种培养方法。单干双臂树形的培养与单干单臂的树形培养类似，先培养成单臂，然后再在定干线下选1个枝条，冬季反方向引绑到定干线上，来年其上萌发的新梢每隔10 ~ 15厘米保留1个，培养成结果母枝，至此树形培养结束。该方法也适用于单干单臂或双臂结果臂的更新（图2-53）。

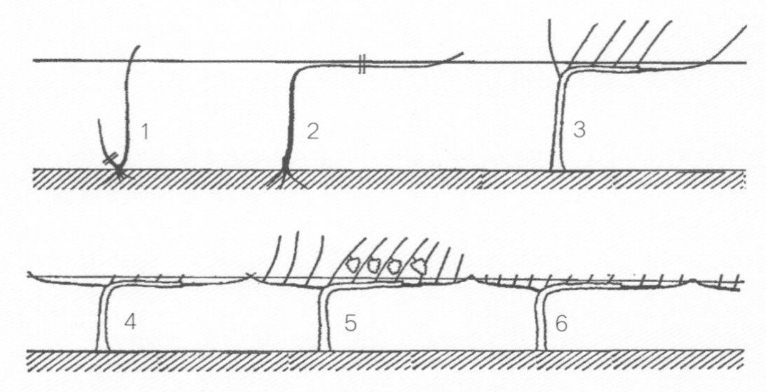

图2-53 先培养单干单臂再培养成双臂的单干双臂树形培养

1.选留主干 2.单臂培养 3.保留单臂上的所有副梢，培养成结果母枝
4.冬季主干上选留1个枝条反方向弓形引绑到定干线上，结果臂上的枝条留2个芽短截
5.新培养的结果臂上每隔10 ~ 15厘米选留1个新梢，培养成结果母枝，原有结果臂选留新梢结果
6.第二年冬季所有结果母枝留2个芽短截

在非埋土防寒区，将单干双臂树形应用到水平式棚架上，就是常见的“一”字形树形或T形树形（图2-54、图2-55）。

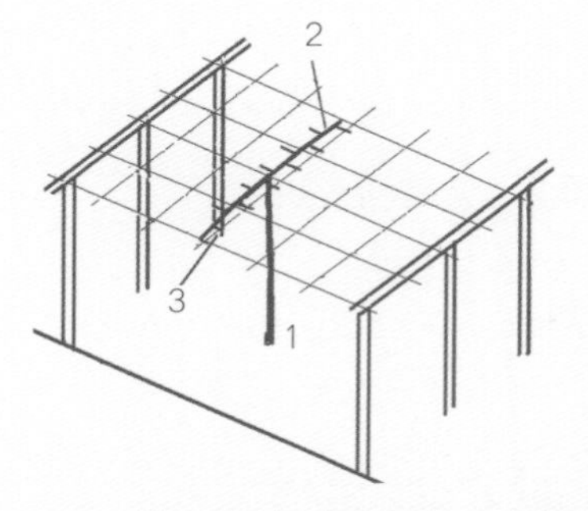

图2-54 单干双臂树形在水平式棚架上的应用示意

1.主干 2.结果臂 3.结果枝组

图2-55 单干双臂树形在水平式棚架上的应用

倾斜式单干水平树形培养

该树形与单干单臂树形的培养极为相似，区别在于，定植时所有苗木均采用顺行向倾斜20°～30°定植，选留的新梢也按照与苗木定植时相同的角度和方向，向定干线上培养，当到达定干线后，不摘心，继续沿定干线向前培养，此后的培养方法与单干单臂树形完全相同；如果在埋土防寒区，以后每年春季出土上架时都要按照第一年培养的方向和角度引绑到架面上（图2-56）。

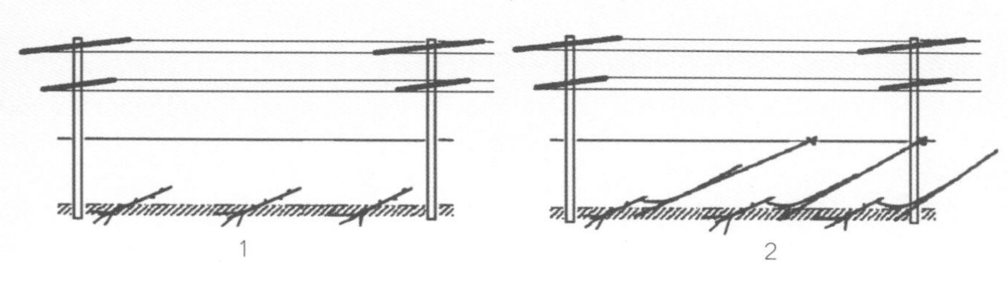

图2-56　倾斜式单干水平树形的培养示意

1.苗木定植　2.选留新梢和培养

2　独龙干树形的培养

独龙干树形为我国北方葡萄埋土防寒栽培区常见的树形，主要用于棚架栽培，树长4～6米，结果枝组直接着生在主干上，每年冬季结果枝组采用单双枝修剪。图2-57为冬季修剪后的棚架独龙干树形。现以埋土防寒区独龙干树形的培养为例进行介绍。

图2-57　河北省怀来地区修剪后的棚架独龙干树形

苗木定植

埋土防寒区葡萄苗木定植的位置应离葡萄架根立柱80厘米左右，以便于独龙干树形鸭脖的培养（图2-41、图2-57），非埋土防寒区则应与立柱在一条直线上，以便于田间机械作业。

定植当年的树形培养和冬季修剪

定植萌芽后，首先选择两个生长健壮的新梢，引绑向上生长（图2-58），当两个新梢基部生长牢固后，选留一个健壮新梢（作为龙干）引绑其沿着架面向上生长。龙干上的副梢，第一道铁丝以下的全部采用“单叶绝后”处理，第一道铁丝以上的每隔10 ~ 15厘米保留1个，这些副梢交替引绑到龙干两侧生长，充分利用空间。副梢上萌发的二级副梢全部进行“单叶绝后”处理。整个生长季龙干上的副梢都采用此种方法，任龙干向前生长。冬天在龙干粗度0.8厘米的成熟老化处剪截，龙干上着生的枝条则留2个饱满芽剪截，作为来年的结果母枝（图2-59）。

图2-58 定植当年葡萄苗萌芽后先选留2个健壮新梢生长

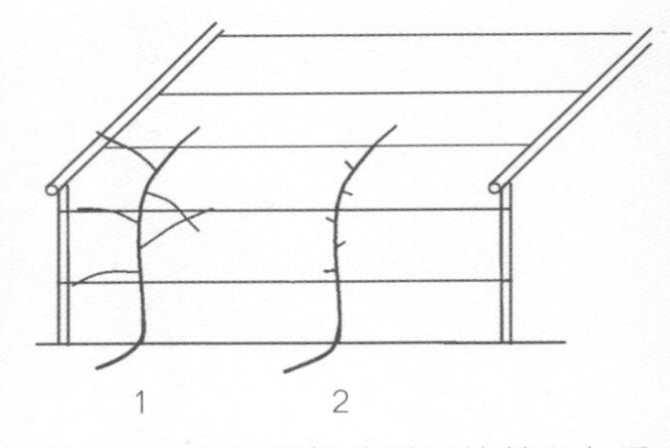

图2-59 定植当年的树形培养和冬季修剪示意

1. 生长季的状态 2. 冬剪后的状态

如果龙干上着生的枝条出现上强下弱（即龙干前端的枝条着生均匀，并且成熟老化，而龙干下部没有着生枝条，或着生的枝条分布不合理，或生长细弱，不能成熟老化），为了保证树体生长均衡，将来的结果枝组分布合理，将龙干上着生的所有枝条从基部疏除，但也不能紧贴主干疏除，而应留出一段距离，以免伤害到主干上的冬芽（图2-60）。

对于冬季需要埋土防寒的地区，葡萄树应在土壤上冻前修剪完成，并埋入土中。对处于埋土防寒边界的地区（冬季最低温度偶尔会达到-12℃的地区），或冬季容易出现大风干旱的地区，建议第一年生长的幼树，最好也进行埋土防寒保护（图2-61）。对于非埋土防寒地区，冬剪最好在树液出现伤流前的1个月左右，错过冬季最寒冷和大风干旱的时期。

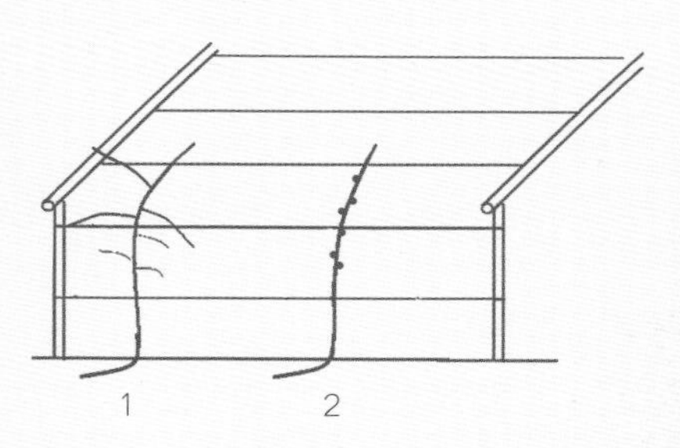

图2-60 定植当年出现上强下弱树体时的冬季修剪和引绑示意

1.生长季的状态 2.冬剪后的状态

图2-61 葡萄树机械埋土防寒

定植第二年的树形培养和冬季修剪

埋土防寒区，当杏花开放时，抓紧进行葡萄树出土上架；非埋土防寒区，当树体开始伤流，龙干变得柔软有弹性时，也应抓紧时间将修剪过的葡萄树引绑定位。埋土防寒区在引绑时首先要将龙干在第一道铁丝下面向葡萄行间倾斜压弯形成一个鸭脖后再引绑到第一道铁丝上，然后剩下的龙干再顺架面向上引绑（图2-62，1）。对于没有结果母枝的植株，压弯形成鸭脖后，再弓形引绑到第一道铁丝上（图2-62，2），当龙干上的大部分新梢长到40厘米以后，再扶正顺架面向上引绑。非埋土防寒区，则不需要压弯培养鸭脖。

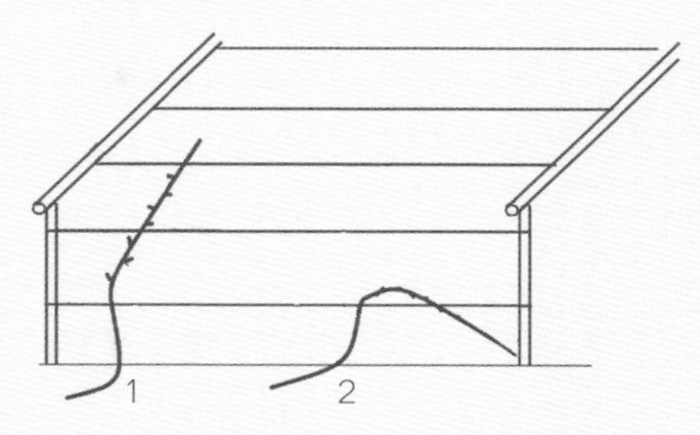

图2-62 春季萌芽前的树体引绑示意

1.保留结果母枝的树体引绑

2.未保留结果母枝的树体引绑

①保留结果母枝的树形培养和冬季修剪。萌芽后，每个结果母枝上先保留2个新梢，粗度超过0.8厘米的新梢保留1个花序结果；粗度小于0.8厘米新梢上的花序则疏除，所有新梢采用倾斜式引绑（图2-63）。新梢上萌发的副梢，花序下部的直接抹除，花序上部的则根据品种生长特性采用不同的方法，冬芽容易萌发的品种（如红地球）采用“单叶绝后”处理，冬芽不易萌发的品种则直接抹除。

图2-63 葡萄新梢的倾斜式引绑

龙干上萌发的新梢，位于结果母枝之间的直接抹除，位于没有结果母枝龙干前端的每隔15厘米保留1个，全部采用倾斜式引绑交替引绑到龙干两侧。对于龙干最前端萌发的新梢，选留1个生长最为健壮的作为延长头引绑其向前生长，其上的花序必须疏除，其上萌发的副梢每隔15厘米左右保留1个，这些副梢要交替引绑到主蔓两侧生长，副梢上萌发的二级副梢全部采用“单叶绝后”处理，培养成结果母枝，当延长头离架梢还有1.0米时进行摘心，否则不用，摘心后萌发的副梢只保留先端的1个任其生长，其他的全部疏除。

冬剪时龙干在粗度0.8厘米左右的成熟老化处剪截，龙干上的结果母枝采用单枝更新修剪（图2-64）。

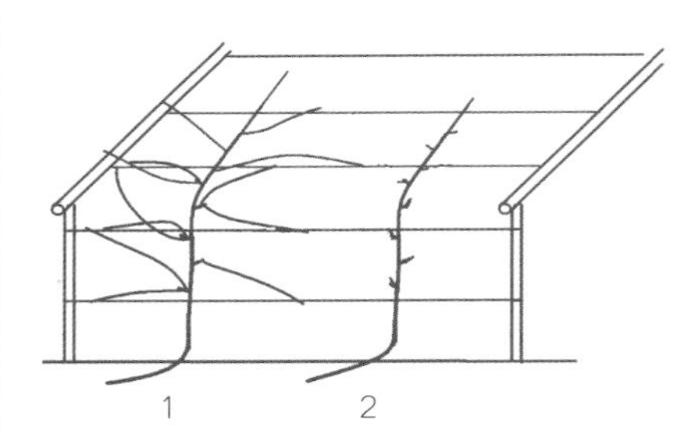

图2-64 保留结果母枝的葡萄树形培养和冬季修剪

1.生长季的状态 2.冬剪后的状态

②没有保留结果母枝的树形培养和修剪。伤流前，首先将龙干进行弓形引绑（图2-62，2），并对第一道铁丝以上龙干弓形引绑中后部的芽眼进行刻芽处理。萌芽后，当龙干上大部分的新梢

长到40厘米后，再将龙干扶正顺葡萄架向上引绑。龙干上萌发的新梢每隔15厘米左右保留1个，交替引绑到龙干两侧。另外，在龙干前端选留1个健壮新梢作为延长头，继续沿架面向前培养，其上的花序必须疏除，其上萌发的副梢每隔15厘米左右保留1个，这些副梢要交替引绑到主蔓两侧生长，副梢上萌发的二级副梢全部进行"单叶绝后"处理，当延长头离架梢还有1.0米时进行摘心，摘心后萌发的副梢只保留先端的1个任其生长，其他的全部疏除。冬季修剪时，龙干在粗度0.8厘米以上的成熟老化处剪截，龙干上所有枝条全部留2个芽进行剪截。

至此树形的培养工作结束。对于没有布满架面的植株，按照第二年的方法继续培养。当树形培养成后，为保持树体健壮和布满架面空间，最好每年冬剪时都从延长头基部选择健壮枝条进行更新修剪（图2-65）。

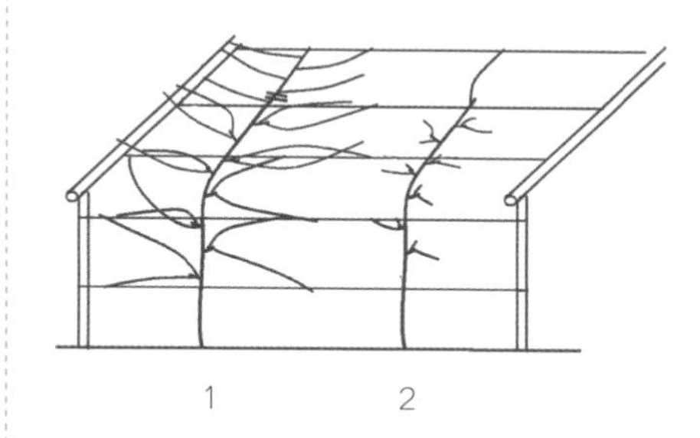

图2-65 延长头的更新修剪
1.生长季的状态 2.冬剪后的状态

3 多主蔓扇形树形的培养

多主蔓扇形根据植株结构和整形修剪要求，可分为多主蔓自然扇形和多主蔓规则扇形。

多主蔓自然扇形

定植时剪留2 ~ 5个芽。萌芽后选留2 ~ 4个健壮新梢作为主蔓培养，其余去除。当新梢长到80厘米时摘心，顶端发出的第一个副梢留3 ~ 5片叶摘心，其余留2 ~ 3片叶摘心。冬季修剪时，一年生枝条主梢粗度全部达到0.8厘米并成熟良好的，在第一道铁丝附近短截，成为主蔓；第二年春季萌芽后，在每个主蔓上选留顶端1个粗壮新梢作为主蔓的延长头，1 ~ 2个新梢作为侧蔓。主梢粗度在第一道铁丝附近未达到0.8厘米的，剪留至粗度达到0.8厘米且成熟良好处，有多长算多长，来年春季发芽后，当主蔓延长梢长至第一道铁丝时摘心，留顶端2个副梢延长生长，第一个作为主蔓延长头，第二个作为侧蔓。对于生长过弱的葡萄树，整个主蔓粗度均未达到0.8厘米时，剪留基部2 ~ 5个芽，来年留2 ~ 4个新梢重新培养主蔓。当主蔓数量不够时，可再对1个或2个一年生枝留2 ~ 3个芽短截，以形成更多的主蔓，如前所述培养主蔓。

树形培养成以后，在一个主蔓上可形成1 ~ 3个侧蔓，每个侧蔓上可有2 ~ 3个结果母枝。根据品种和树势强弱的不同，结果母枝可剪留4 ~ 6个或更多的芽，在主蔓和侧蔓的中部和下部剪留2 ~ 3个预备枝（每个枝留2 ~ 3个芽）；当主蔓或侧蔓延长过度时，可逐步回缩或更新。

多主蔓规则扇形

与自然扇形相比，两者在主蔓的培养上相似，只是规则扇形要求主蔓配置较严格的结果枝组，而不是侧蔓，这样更有利于保持各主蔓的长势均衡，有效保持结果部位的稳定，防止下部光秃。冬剪时在每个枝组上选留一生长健壮、充分成熟的一年生枝作为结果母枝，其剪留长度因枝条强弱及植株负载量大小而异，一般5 ~ 8个芽。结果母枝倾斜绑缚于篱架的第一道和第二道铁丝上；在结果母枝的下方，选健壮的一年生枝剪留2 ~ 3个芽作为更新枝，即采用双枝更新修剪法进行修剪。经过一年生长、结果后，结果母枝上长出的枝条在冬剪时原则上都要剪去，而将更新枝上长出的2个枝条剪留成新的长短梢结果枝组，从而实现枝组的更新。

多主蔓规则扇形中，若每个主蔓只留一个长短梢结果枝组，结果母枝绑缚于第一道和第二道铁丝上，这是小规则扇形（图2-66，1）。在较高的篱架（2米左右）上，可以将小规则扇形的结果枝组分两层排列，这样架面上容纳的主蔓数和结果母枝数可增加约1倍（图2-66，2）。对肥水条件良好或生长势较强的品种，可以采用大规则扇形，即每个主蔓上配置2 ~ 3个结果枝组。例如，在架高约1.8米4道铁丝的篱架上，大约靠近第一、第二和第三道铁丝处各配置一个长短梢结果枝组，各结果枝组中的结果母枝剪留长度可以不一致，一般上部的可剪留略长些。

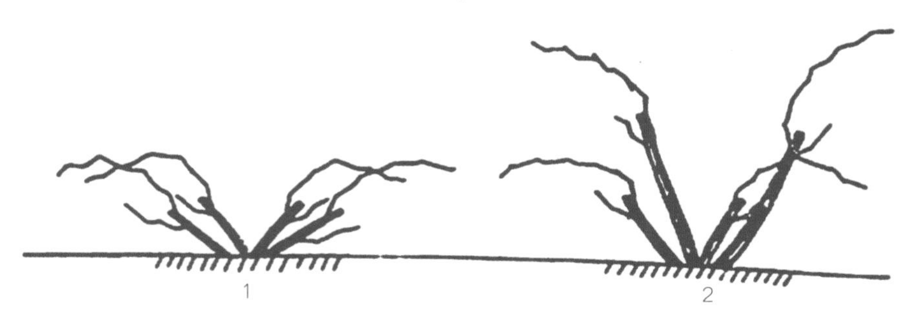

图2-66　多主蔓小规则扇形
1.适用于矮篱架　2.适用于高篱架

4 H形树形的培养

H形树形（图2-67、图2-68）在我国南方葡萄产区较为常见，适合水平式棚架，株行距（4～6）米×（4～6）米。

图2-67　水平式棚架上生长季的H形树形

图2-68　冬季落叶后的H形树形

H形树形的培养过程如下：

①定植当年的树形培养和冬季修剪。定植萌芽后，选留1个健壮新梢不摘心，引绑其向上生长，对于其上的副梢全部采用“单叶绝后”处理，当其离棚顶20厘米时摘心，摘心后选留2个副梢，即将来的主蔓，

反方向引绑向行间生长，整个生长季不摘心，任其生长，其上萌发的二级副梢全部采用“单叶绝后”处理。冬天在主蔓粗度0.8厘米的成熟老化处剪截，如果主蔓粗度不到0.8厘米，则留2～3个饱满芽剪截（图2-69，1）。

②定植第二年的树形培养和冬季修剪。第二年春季萌芽后，从两个主蔓剪口各选1个健壮的新梢作为延长头继续向前培养，其上的副梢全部采用“单叶绝后”处理，当延长头达到行距的1/3时摘心，摘心后选留2个副梢分别与主蔓垂直反方向引绑其生长，培养成结果臂，其上的副梢每隔10～15厘米选留1个，交替引绑到两侧。对于主蔓剪口以下萌发的新梢，可以偶尔保留1～2个临时结果（图2-69，2），冬季修剪时疏除。冬季在结果臂粗度0.8厘米的成熟老化处剪截，其上的枝条留2个饱满芽短截（图2-69，3）。

③定植第三年的树形培养和冬季修剪。第三年春季萌芽后，结果臂上结果母枝萌发的新梢根据空间大小选留1～2个，保留花序进行结果。如果结果臂未能与邻近植株的结果臂交接，则选留顶端的1个健壮新梢继续向前培养，不摘心，达到交接时摘心，其上的副梢每隔10～15厘米保留1个，交替引绑到两侧，培养成结果枝组（图2-69，4）。冬季结果枝组均采用单枝更新修剪，树形至此培养结束（图2-69，5）。

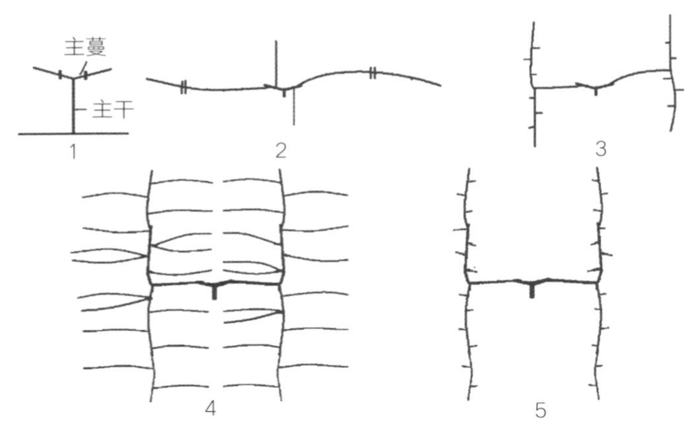

图2-69 H形树形的培养

1.第一年冬剪后的树形 2.第二年生长季的树形
3.第二年冬剪后的树形 4.第三年生长季的树形 5.第三年冬剪后的树形

第三章

葡萄树的整形修剪

春夏季葡萄树整形修剪

秋冬季葡萄树整形修剪

一、春夏季葡萄树整形修剪

1 架材修整和树体引绑

非埋土防寒区，首先要对葡萄架进行修整，将倾斜弯倒的立柱重新扶正，折断的立柱和横梁进行更换，松弛的架材拉丝重新拉紧固定。然后对冬剪后所留的枝蔓引绑，最后进行复剪，确定最终的留枝量和留芽量。

埋土防寒区，则在杏树开花前，完成葡萄架的修整工作，当杏树开花后及时将葡萄枝蔓出土上架（图3-1、图3-2），进行复剪。

图3-1 葡萄枝蔓出土

图3-2 葡萄枝蔓引绑上架

2 剥除老蔓树皮、喷施药剂

葡萄老蔓开裂的树皮是病菌和虫卵的越冬及繁殖场所之一（图3-3），因此，在冬季或春季萌芽前剥除老蔓树皮可有效降低病虫害基数，这是葡萄生产上防治病虫害不可缺少的一个环节。剥除葡萄老蔓树皮，重点是剥除主干、主蔓上翘起的老树皮，可直接用手撕去（图3-4）。剥下的树皮清出园外最好集中烧掉。

从萌芽前到绒球期，喷施3 ~ 5波美度石硫合剂一次，这是葡萄病虫害防治最重要的一次用药，以后在不同物候期有重点地喷药进行病虫害防治。

图3-3　葡萄主干老皮下残存有大量的病原菌

图3-4　撕掉葡萄主干开裂的树皮

3 抹芽和定枝

抹芽

抹芽就是将树体上萌发的多余的芽在长成新梢前抹除，以节省树体养分，规范树形。对于主干、主蔓上萌发的隐芽（图3-5），如果有生长空间则一定要保留，以便于树形的矫正和更新，对于没有生长空间的则应在叶片显露期以前尽早抹除。

图3-5　葡萄结果臂和结果母枝基部萌发的隐芽

结果母枝上的芽眼，除了主芽萌发外，大量的侧芽也会萌发，1个芽眼往往会长出1 ~ 3个新梢（图3-6），为了使架面上的新梢分布均匀合理，营养集中供给留下的新梢，从而促进枝条和花序的生长发育，须及时进行抹芽。抹芽一般在叶片显露期到展叶期，新梢长度3 ~ 5厘米时进行，抹去结果母枝和预备枝上单芽双枝或单芽三枝中的极弱枝，保留1 ~ 2个生长势旺盛的新梢（图3-7）。如果单芽双枝中的两个新梢生长势相当，则可以都保留下来等到定枝时再决定；对于单芽三枝，至少要去除1个新梢，最多保留2个新梢。

图3-6 单个芽眼萌发出的双生枝

图3-7 抹 芽

定枝

定枝又称定梢，是在新梢长到一定长度，可看出有无花序并能分清强弱时，确定该留下的新梢。定梢是控制葡萄架面上新梢着生部位、数量的有效方法，通常要根据整形的要求和架面最佳叶幕所容新梢数量来实施。定梢后既要有足够的新梢留量，又能保证通风透光，以每15 ~ 20厘米留1个新梢为宜，还要考虑留老蔓光秃部位萌发的隐芽枝以填空补缺，以及留健壮萌蘖作为老蔓更新的预备蔓。

在完成抹芽工作的基础上，待新梢长到10 ~ 20厘米，花序显露时，首先是芽眼定梢，即每个芽眼只保留1个新梢（图3-8），除非该芽眼周围有极大的生长空间，不会影响到其他新梢的生长时，可以保留2个。保留的新梢尽量为带有花序的结果枝。

图3-8 芽眼定枝，每个芽眼保留1个健壮新梢

其次是结果母枝定梢，采用单枝更新的结果枝组，首先在结果母枝基部选一健壮新梢，带不带花序均可，作为来年的更新

枝，然后再选留1个带花壮枝，用于结果（图3-9），对于生长空间有限的结果母枝，可以只保留1个靠近基部带有花序的新梢，当年的结果枝又是来年的结果母枝，结果和更新二合一。采用双枝更新的结果枝组，抹去上位枝上的无花序枝，保留2 ~ 3个带花的壮枝，下位枝上尽量选留2个靠近基部的带花壮枝，如果带花的新梢都偏上，则在基部选留1个无花壮梢，在上部选1个带花新梢。目前葡萄生产上为了降低劳动强度，提高劳动效率，普遍使用单枝更新，以便于机械修剪和工人掌握。

图3-9　单枝更新的结果母枝定梢

温馨提示

定梢注意事项：定梢要依树势、架面新梢稀密程度、架面部位来定。弱树多疏，强旺树少疏。多疏枝则减轻果实负载量，有利于恢复树势。少疏枝则多挂果，以果压树，削弱树势，以达到生长与结果的平衡。对架面枝条要密处多疏，稀处少疏。下部架面多疏，有利于下部架面通风透光；上部架面少疏，有利于架面光合截留。同时，还要疏除无用的细弱枝、花穗瘦小的结果枝、下垂枝、病虫枝、徒长枝等。

定梢参考标准
- 大果穗的葡萄品种（单个果穗重量超过1 000克）
  - 棚架独龙干树形，每米主蔓上留8个左右新梢
  - 篱架单干水平树形，每米结果臂上留8个左右新梢
- 中等果穗的葡萄品种（单个果穗重量超过750克）
  - 棚架独龙干树形，每米主蔓上留9个左右新梢
  - 篱架单干水平树形，每米结果臂上留9个左右新梢
- 小果穗的葡萄品种
  - 棚架独龙干树形，每米主蔓上留10个左右新梢
  - 篱架单干水平树形，每米结果臂上留10个左右新梢

对于生长期长、高温多湿、病害发生重的地区，适当少留枝；无霜期短、气候干燥、光照充足、病害轻的地区，可适当多留枝。各地葡萄种植者应结合实际情况灵活运用。

4 新梢摘心和副梢处理

新梢摘心

摘心即摘除新梢顶端，可抑制顶端生长。花前摘心，可使同化养分较多地转移到花序，促进花序的生长和花的发育，减少落花落果，提高坐果率。

自然坐果率较低的品种，如巨玫瑰、巨峰等，在花前1周内对结果枝在花序以上留4 ~ 6片叶摘心较为适宜；坐果率正常的品种新梢留8 ~ 12片叶摘心。一般酿酒葡萄和坐果率较高的葡萄品种，摘心不单独进行，常和引绑新梢同时进行。

副梢处理

随着新梢生长，夏芽副梢很快长出来。为保持架面通风透光，应对副梢进行处理。

副梢处理可根据品种特性和新梢长势采用不同处理方法。直接抹除，就是将副梢直接从基部去除，常用于冬芽不易萌发的品种，如京亚、巨峰等。副梢采用“单叶绝后”处理，同时将副梢叶腋的夏芽和冬芽全部抹除，适用于冬芽容易萌发的品种，如红地球、美人指等，或节间长度超过20厘米，严重徒长的新梢，这种副梢处理方法可有效地增加叶面积，同时避免保留副梢反复摘心的麻烦（图3-10）。

图3-10 副梢的“单叶绝后”处理

5 新梢引绑

随着葡萄整形修剪方式的推陈出新和“高宽垂”树形的推广，我国已有相当数量的葡萄园，由原来在篱架面上的垂直绑缚新梢，改为引绑生长。引绑新梢应在新梢生长到50厘米左右开始，以后随着新梢的生长还要进行多次。引绑新梢的目的是使新梢均匀、合理地排列在架面上，保持通风透光和新梢、果穗的有序生长。

新梢引绑主要有倾斜式、垂直式、水平式、弓形引绑及吊枝等方法。

倾斜式引绑适用于各种架式，多用于引绑生长势中庸的新梢，以使新梢长势继续保持中庸，发育充实，提高坐果率及花芽分化（图3-11）。

垂直式引绑和水平式引绑（图3-12）多用于单臂篱架，垂直式引绑主要用于细弱新梢，利用极性促进枝条生长；水平式引绑多用在旺梢上，用来削弱新梢的生长势，控制其旺长。

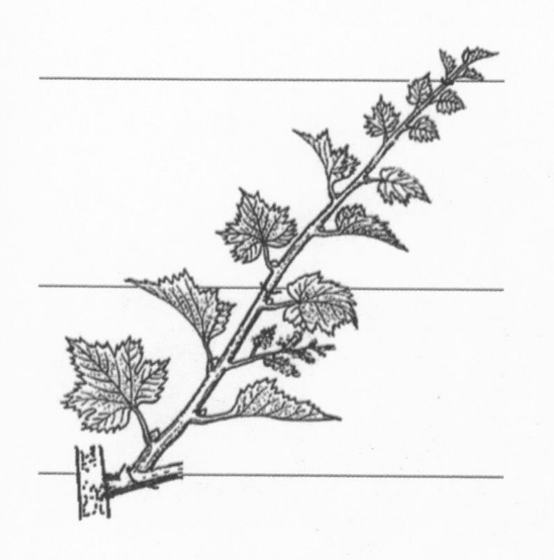

图3-11　新梢的倾斜式引绑

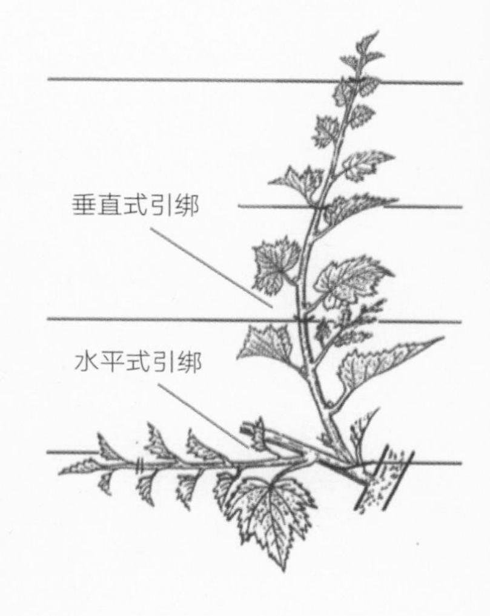

图3-12　新梢的垂直式引绑和水平式引绑

弓形引绑适用于各种架式，用于削弱直立强旺新梢的生长势，促进枝条充实，较好地形成花序，提高坐果率。具体操作：以花序或第5～6片叶为最高点将新梢前端向下弯曲引绑（图3-13、图3-14）。

图3-13 篱架面的新梢弓形引绑

图3-14 棚架面的新梢弓形引绑

吊枝多在新梢尚未达到铁丝位置时用引绑材料将新梢顶端拴住，吊绑在上部的铁丝上。对春风较大的地区，尽量少用吊枝，因为新梢被吊住后，反而更容易被风从基部刮断。

在新梢引绑时，如果新梢生长的角度不好，不能直接引绑到位，可以将其轻度扭伤后引绑，如果扭伤后引绑还有困难，最好等到生长牢固，不容易折断时再进行引绑。

6 除卷须

卷须在栽培状态下已失去其攀缘作用的原有意义，反而会缠绕枝蔓、果穗，造成树形紊乱，老熟后又不易除去，影响修剪和采收。因此，应在摘心、引绑新梢、去副梢时，加以去除（图3-15）。

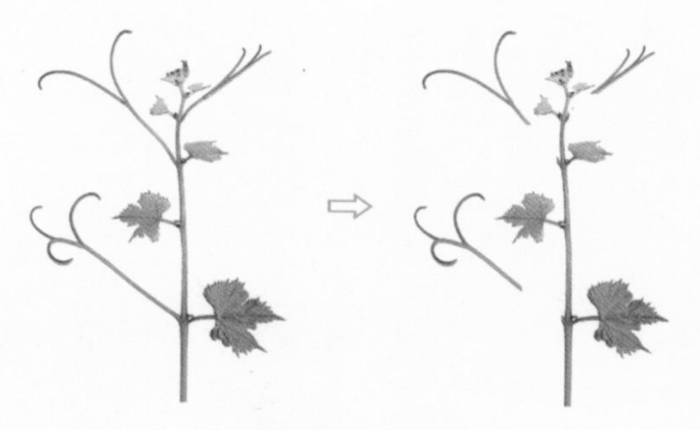

图3-15　除卷须

7 花序管理

葡萄结果枝有时会带有1个以上的花序，为了节约树体养分，通常会将多余的花序去除。对于中小花序品种如京亚、巨玫瑰，每个结果枝保留1个花序，个别生长旺盛的新梢，保留2个花序；对于大花序品种如红地球、美人指，每个结果枝保留1个花序。疏花序的时间并非越早越好，而是在花序不会再退化时进行。疏花序时，最好保留生长方向朝向行间的下部花序，通常这样的花序发育比较充分，同时便于后面的操作（图3-16）。

保留下的葡萄花序也会有300 ~ 1 500朵小花，在开花前疏除一部分花，可以集中营养，使保留下来的花发育健壮，减少自然落花、落果。因此，疏花是大粒鲜食葡萄优质栽培的一项重要技术措施。

花序管理还包括花序整形，主要有去副穗、去分枝和掐穗尖等操作。在花果管理部分，将更详细地讲解花序管理的知识。

图3-16 疏花序

8 控旺梢

当葡萄进入花朵分离期后，如果花序上第一节的长度超过12厘米，说明新梢生长过旺，可于花前2 ~ 3天至见花时，使用500 ~ 750毫克/升的甲哌鎓（助壮素、缩节胺，图3-17）整株喷施（图3-18）可显著延缓新梢生长，如果和新梢摘心配合使用可以显著提高坐果率。

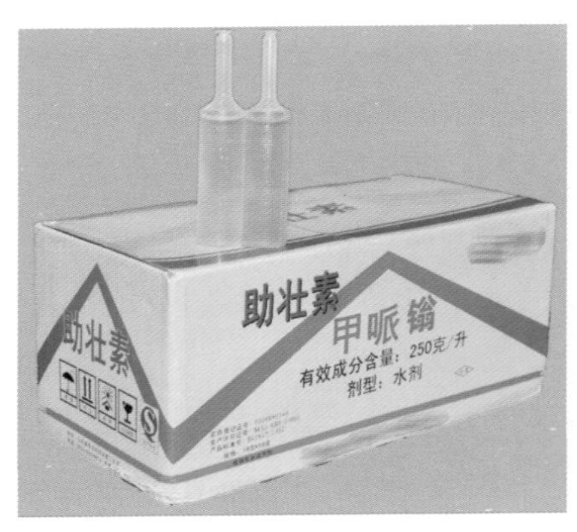

图3-17 甲哌鎓

图3-18 喷施甲哌鎓

9 环割和环剥

对生长强旺的结果枝进行环割或环剥，暂时中断伤口上部叶片的碳水化合物及生长素向下输送，使营养物质集中供给伤口上部的枝、叶、果穗生长发育，可以促进花芽形成，提高坐果率，增大果粒，增进果实着色，提高果实含糖量，提早成熟期等。

环割、环剥根据不同目的在不同时期进行操作。以提高坐果率，促进花器发育为目的的，在开花前1周内进行。以提高糖度，促进着色和成熟为目的的，在果实转色期进行为宜（图3-19）。

图3-19　果实转色期结果枝环剥促进果实成熟

环割、环剥部位和程度：一般在结果枝或结果母枝上进行环割或环剥效果好。环割和环剥的位置，应在花穗以下部位节间内进行。

环　割

用小刀或环割环剥器在结果枝上割3圈，深达木质部。环割的间距约3厘米，此法操作简单、省工。

环　剥

用环割环剥器或小刀，在结果枝上环刻，深达木质部。环剥宽度2 ~ 6毫米，依结果枝的粗度而定，枝粗则宽剥，枝细则窄剥。总体而言环剥的宽度不能超过结果枝粗度的1/4，然后，将皮剥干净。为提高坐果率而进行的主干环剥，宽度以不超过主干粗度的1/8 ~ 1/5为宜。

温馨提示

环剥后为防止雨水淋湿伤口，引起溃烂，最好涂抹抗菌剂消毒，再用黑色塑料薄膜包扎伤口。由于环剥阻碍了养分向根部输送，因此对植株根系生长起到抑制作用。过量环剥，易引起树势衰弱，因此在生产上要慎重应用。

10 除老叶、剪嫩梢

摘除老叶可使果穗接受更多的光照，是酿酒葡萄园近年来开始采用的一项提高葡萄品质的技术措施，特别是红色酒用葡萄品种。通过摘除老叶，提高光照，可使葡萄浆果的糖度、花色素和单宁物质含量增加，降低对葡萄酒质量有不良影响的苹果酸含量，还可以促进浆果成熟，减少病害发生。

酿酒葡萄摘除老叶，在浆果成熟前1个月进行，将新梢基部第1～5片叶摘除，并顺理果穗，使75%的果穗暴露在阳光之下以促进果实转色（图3-20）。鲜食葡萄在未套袋果实开始转色或套袋果实摘袋后，去除果实附近遮挡果实的2～3片叶，以增加光照，促进果实转色。

图3-20 摘老叶促进果实转色

北方地区8月中旬以后抽生的嫩梢，秋后不能成熟，并易引发霜霉病，应对其进行摘心处理，控制其延长生长（图3-21）。这样有利于促进枝条成熟，减少树体内养分消耗。

图3-21　使用绿篱机修剪嫩梢

二、秋冬季葡萄树整形修剪

1 结果母枝的选留和剪截

留枝量和留芽量的确定

修剪前应根据计划产量和品种的结果枝率和萌芽率，计算出留枝量。通常亩*产量为1 500千克左右的葡萄园，约需要留2 500个果穗、3 000个新梢、1 500个结果母枝，架面上每米长的结果部位留6个左右结果母枝，每个结果母枝留2个饱满芽。

另外，对于容易发生冻害的地区，葡萄冬剪时应多留出10%～20%的枝作为预备枝，以弥补埋土、上下架、冻害等造成的损失。

结果母枝的修剪方法

对于树形培养结束的葡萄园，修剪其实就是结果母枝的修剪。常用的修剪方法主要有两种，单枝更新和双枝更新。

①**双枝更新修剪法**。选留

* 亩为非法定计量单位，1亩＝1/15公顷。——编者注

同一结果枝组基部相近的两个枝为一组，下部枝条留2～3个芽短截，作为预备枝，上部枝条留3～5个芽剪截（图3-22，1；图3-23，1）用于结果。该修剪方法适用于各葡萄品种。通常要求结果母枝之间有较大的空间，供下一年的新梢生长。

图3-22 单干水平树形结果母枝的更新修剪
1.双枝更新 2.单枝更新

图3-23 独龙干树形结果母枝的更新修剪
1.双枝更新 2.单枝更新

②**单枝更新修剪法**。冬剪时将结果母枝回缩到最下位的一个枝，并将该枝条剪留2～3个芽作为下一年的结果母枝。这个短枝，既是下一年的结果母枝，又是下一年的更新枝，结果与更新合为一体（图3-22，2；图3-23，2）。

近年来，随着葡萄园用工成本的迅速增加，机械修剪和省工修剪成为主流，双枝更新在葡萄修剪上的使用逐年减少，单枝更新修剪成为主流。对于花芽分化节位低的品种，如京亚、巨峰、夏黑、户太8号等，留基部2个芽短截，每米长架面保留6 ~ 8个结果母枝。对于结果部位偏高的品种，如红地球，留3 ~ 4个芽短截，每米长架面保留6 ~ 8个结果母枝。

温馨提示

采用单枝更新修剪方法的葡萄园，应当严格控制新梢旺长，促进基部花芽分化，提高基部芽眼萌发的结果枝率。

另外，人工修剪的葡萄园需要注意的是在对每棵葡萄树进行修剪前，首先应当剪除那些未成熟老化的枝条，其次是带有严重病害或虫害的枝条，最后才是结果母枝的选留和剪截。对于机械修剪的葡萄园，当机械修剪过后，还应进行人工复剪。

2 结果枝组的更新

随着树龄的增加，结果部位会逐年外移，当架面已经不能满足新梢正常生长时，就要对结果枝组进行更新。

选留新枝法

葡萄主蔓或结果枝组基部每年都会有少数隐芽萌发形成新梢，对于这些新梢要重点培养，使其发育充实，冬季留2 ~ 3个饱满芽短截，培养成结果母枝，原有结果枝组从基部疏除，来年春天结果母枝萌发出的2 ~ 3个新梢进行培养，即成为新的结果枝组。整个更新过程如图3-24所示。

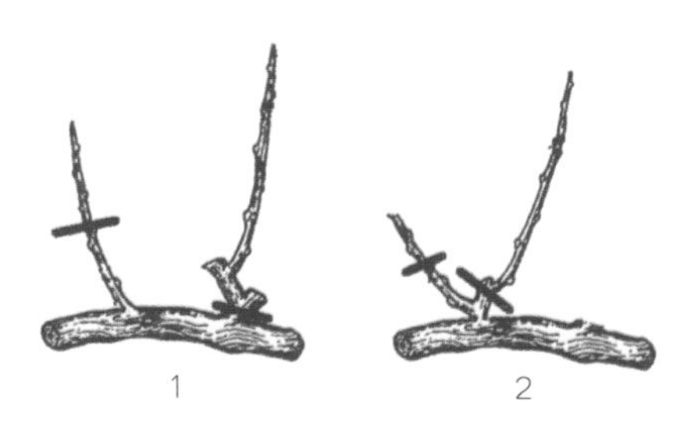

图3-24　选留新枝法培养结果枝组

1.对当年培养的枝条留2 ~ 3个芽进行短截，衰老枝组疏除　2.对第二年萌发的2 ~ 3个新梢培养，冬季进行单枝更新修剪

极重短截法

在结果枝组基部留1～2个瘪芽进行极重短截，来年春天这些瘪芽有可能萌发出新梢，然后在这些新梢中选留出1～2个生长健壮的新梢培养，来年冬季选留靠近基部的1个充分成熟老化的枝条作为结果母枝，留2～3个饱满芽进行短截，即成为新的结果母枝。整个更新过程如图3-25所示。

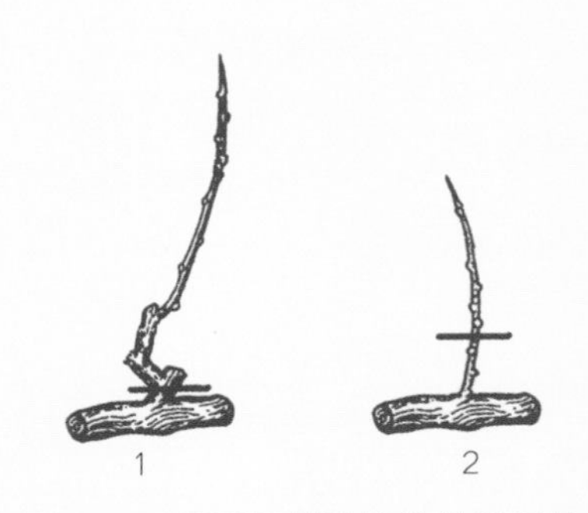

图3-25 极重短截法培养结果母枝
1.对衰老的结果枝组进行极重短截
2.对来年冬季培养的枝条进行短截

对于个别严重外移的结果枝组可以单独使用上述两种方法中的一种，如果是大部分结果枝组都严重外移的葡萄树，可以参照问题树形矫正的相关内容。

3 问题树形的矫正

中部光秃树形的矫正

对于中部光秃的葡萄树，冬季将光秃带邻近枝组上的枝条留6～10个芽进行长梢修剪，弓形引绑到光秃的空间，如果后部有枝就向前引绑，如果后部无枝也可选前部枝向后引绑（图3-26），当抽生的新梢长达30厘米以上时，把弓形部位放平绑好。

图3-26 中部局部光秃树形的矫正

下部光秃树形的矫正

对于下部局部光秃的葡萄树，可将光秃部位前面的枝条采用中、长梢修剪后，弓形引绑到下部光秃部位，以弥补枝条空缺（图3-27）。

图3-27　下部局部光秃树形的矫正

对于下部光秃严重的树形，如果两侧有较大的空间，独龙干树形和倾斜式单干单臂树形可将主蔓或主干的下部折叠压入土中促其生根，上部延长头向前长放，布满架面即可（图3-28）；也可以在主蔓的下部选择有1个隐芽的部位，春季萌芽前在隐芽的上部进行环剥，刺激隐芽萌发形成新梢，对该新梢重点培养（图3-29），冬季该新梢留6 ~ 8个芽进行长梢修剪，来年其上会有大量新梢萌发，这些新梢按照结果母枝进行培养，冬季留2个芽进行短截，当然如果继续培养该侧蔓，取代原来的主蔓也可以。

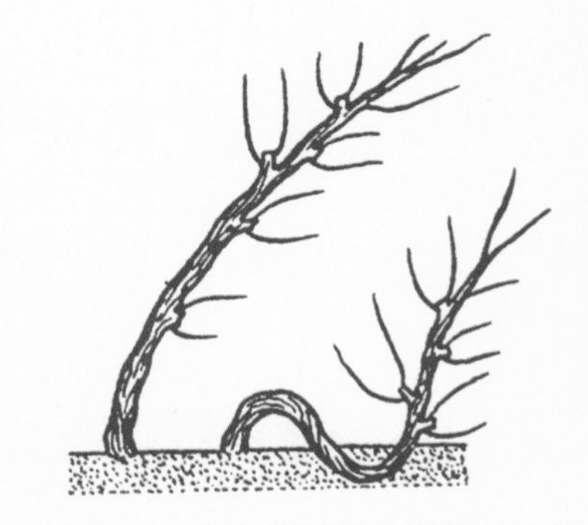

图3-28　下部光秃严重树形的矫正（1）

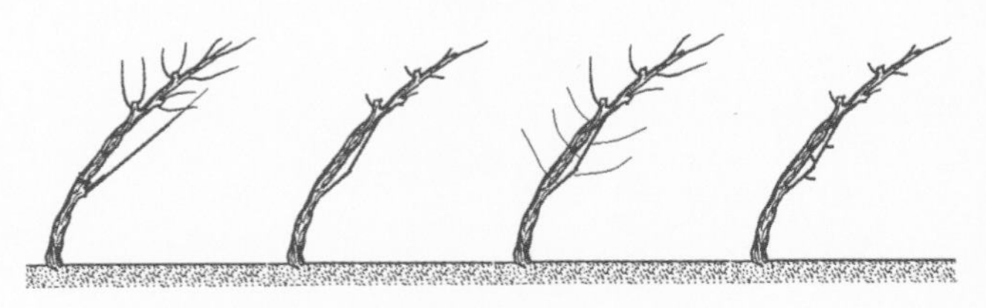

图3-29　下部光秃严重树形的矫正（2）

结果母枝严重外移的葡萄树形矫正

随着葡萄树龄的增加，结果母枝的位置会缓慢向外移动，直到架面的生长空间不能满足大部分新梢生长需要，这时就要对葡萄树进行一次大的更新。

①单干水平树形的矫正。单干水平树形可以在结果臂基部重回缩，刺激萌发新枝，选留1～2个位置合适的新梢按照单干水平树形培养方法重新培养（图3-30）。也可以选留靠近主干的一个结果母枝，冬季进行长梢修剪，弓形引绑到定干线上，原有的结果臂在靠近结果母枝的部位剪截掉（图3-31），按照单干水平树形培养方法重新培养。

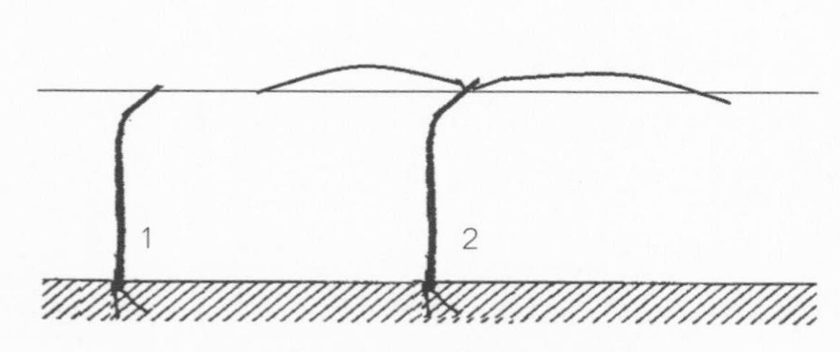

图3-30　重回缩刺激萌发新枝重新培养

1.结果臂回缩到主干附近　2.来年在剪口附近选择1～2个位置合适的健壮新梢培养成新的结果臂

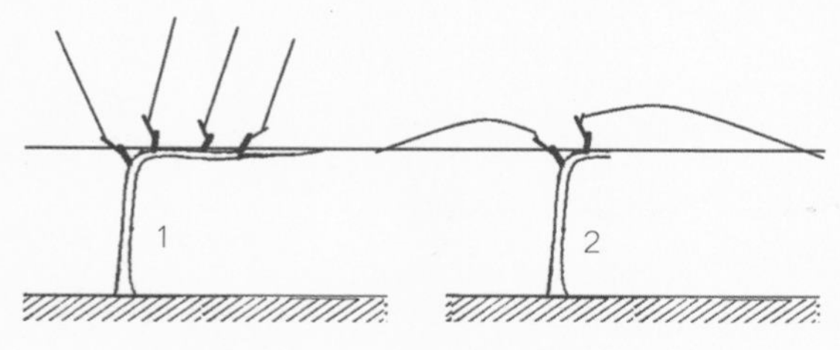

图3-31　选留新枝重新培养

1.冬季在主干附近选留1～2个结果母枝单枝更新，长梢修剪，结果臂回缩到保留的结果母枝附近　2.将保留的结果枝条弓形引绑到定干线上培养成新的结果臂

②独龙干树形的矫正。对于独龙干树形可以参照下部光秃树形矫正的方法，在下部培养新蔓，当新蔓可以取代老蔓时，回缩到新蔓处。

第四章

葡萄花果管理

花序管理

果穗管理

无核化及果实膨大处理

果实套袋技术

防止落花落果

葡萄花果管理是葡萄生产中最为重要的内容之一，通过花果管理可以提高坐果率、减轻病虫危害、改善果实外观，进而提高葡萄果实的商品价值，是增加种植效益的主要途径。

一、花序管理

1 疏花序

为了控制产量，在花序过多时需要疏去多余花序。疏花序从能分辨出花序的多少、大小即花序分离期（图1-25）开始，到花朵分离期（图1-26）前结束。弱树和中庸树要早疏，旺树可以晚疏，以花压树，防止营养生长过旺而导致花序退化（图4-1）。首先疏除弱小、畸形、有病虫害的花序，使养分集中供应保留的优良花序；其次是疏除结果枝上多余的花序，对一般鲜食品种来说，小果型葡萄品种如京亚，壮

图4-1 花序退化

果枝可留2个花序，中庸枝留1个花序，弱枝不留花序，具体操作时应疏除伸向行上的花序，保留伸向行间的花序（图4-2）。关于新梢生长势强弱的判定可以参考图4-3。

图4-2　葡萄疏花序时，疏除伸向行上的花序，保留伸向行间的花序

图4-3　判定葡萄新梢生长势的形态指标

1.旺　2.偏旺　3.中庸　4.弱

2 拉长花序

一些使用植物生长调节剂保果或无核化处理的品种如夏黑、早夏无核、醉金香等，以及部分坐果率高、果梗较短、果粒着生紧密的葡萄品种，在浆果膨大过程中，果粒易互相挤压，因而造成穗形不规则，果粒大小不均匀，影响果穗外观。为解决这些问题，常对这些品种的花序进行拉长处理，使果穗松散、果粒均匀，提高果实的商品价值。

花序拉长时期

花序拉长处理一般在花序分离期，也就是见花前15天左右进行。花序长度7 ~ 10厘米（图4-4）时是拉花序的适宜时期，拉花过晚或当花序长度超过15厘米时再处理，拉长效果不明显。

图4-4 适合葡萄花序拉长的时期

花序拉长方法

用4～5毫克/升赤霉素（GA_3）或20%赤霉酸可溶粉剂（图4-5）4万～5万倍液均匀浸蘸花序（图4-6）或喷施花序，可拉长花序1/3左右（图4-7）。花序拉长一般不宜过早或离花期太近，否则可能出现严重的大小粒现象（图4-8）；赤霉素使用浓度不宜过高，否则会引起果穗畸形（图4-9）。

图4-5　适用于葡萄花序拉长的药剂

图4-6　花序拉长处理

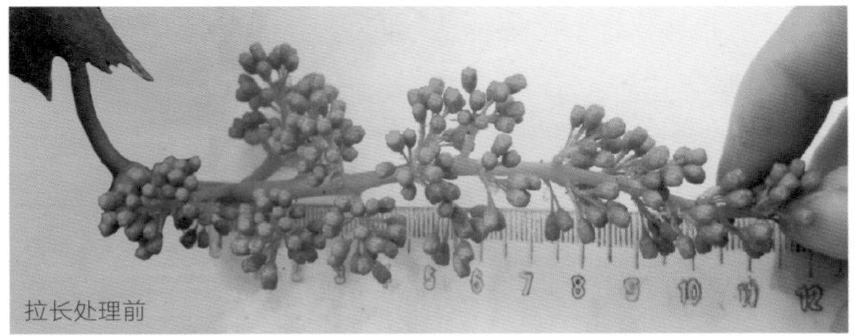

图4-7　巨玫瑰葡萄花序使用花序拉长剂的效果对比

图4-8 红地球葡萄拉长花序过早有小青粒

图4-9 赤霉素处理不当产生的药害

3 花序整形

在开花前，通过花序整形可以控制花序大小和形状，使花期养分集中供应，从而使开花期相对一致，提高保留花朵的坐果率，减少后期果穗修整的工作量。花序整形方法包括以下几种。

常规整形法

该方法为大多数葡萄品种的花序修整方法。具体操作为见花前2天至见花第3天，将副穗及以下3 ~ 4个小穗去除，保留中间15 ~ 20个小穗，去除1/4 ~ 1/3长度的穗尖（图4-10）。将来发育成的果穗如图4-11所示。

图4-10　常规花序整形

图4-11　常规花序整形发育成的果穗

仅留穗尖整形

仅留穗尖式花序整形（图4-12）是无核化栽培的常用整形方法。花序整形的适宜时期为开花前1周至始花期。具体操作为去除花序上部副穗和分枝，保留穗尖4 ~ 8厘米，12 ~ 14个小穗。将来发育成的果穗如图4-13所示。

图4-12 仅留穗尖式花序整形

图4-13 阳光玫瑰葡萄留穗尖6厘米整形发育成的果穗

剪短过长分枝整形

见花前2 ~ 3天，先去掉副穗，然后再将花序上部2个分枝去除，其他分枝剪留成长度约2厘米的短分枝，整个花序整成圆柱形（图4-14），花序长短此时不用整理。最终果穗发育成类似图4-15的形状。

图4-14　剪短过长分枝的花序整形

图4-15　剪短过长分枝的花序整形发育成的果穗

隔二去一分枝整形

红地球、圣诞玫瑰、红宝石等花序分枝既多又长的葡萄品种常用此法。见花前2 ~ 3天，去除副穗及上部的2个分枝，然后沿花序从上到下每隔2个分枝疏除1个分枝（图4-16）。最终果穗发育成类似图4-17的形状。

图4-16 隔二去一分枝的花序整形

图4-17 隔二去一分枝的花序整形发育成的果穗

温馨提示

隔二去一分枝整形方式简单实用，果穗大小适中、松散，通风透光好，但果穗中部伤口多、易得病，需注意使用药剂进行预防。

二、果穗管理

1 疏果穗和剪穗尖

幼果期进行疏果穗操作。首先将畸形果穗、带病果穗、极松散果穗、大小粒严重的果穗、绿盲蝽危害带有黑色斑点果粒过多的果穗疏除。其次是按照计划产量，将超出计划的果穗疏除，通常生产精品果的葡萄园每亩保留的果穗数不超过2 000穗，大众果的葡萄园不超过3 000穗，每棵树上5个新梢留4穗或3个新梢留2穗。对于生长较弱的葡萄品种如粉红亚都蜜、红巴拉多应及早进行；对于生长势旺盛、容易徒长的葡萄品种如夏黑、阳光玫瑰等，疏果穗的时期可以适当往后推迟，在果实封穗期以前完成即可。

对于前期采用剪短过长分枝花序整形的果穗，在幼果期将过长果穗的穗尖剪除，如夏黑保留18厘米左右。另外使用拉长剂处理的花序，如果坐果后果穗过长也应剪穗尖，保留的果穗长度不应超过20厘米。

2 疏果粒

疏果粒一般分两次进行，第一次疏果粒从幼果期到果实膨大期均可操作，通常与疏穗一起进行，首先将病虫危害果粒去除，其次将过密的分枝和果粒去除（图4-18）。对于大多数品种，在幼果进入第一次膨大期后进行疏果粒，越早越好，增大果粒的效果也越明显。但对于容易出现大小粒的葡萄品种，由于种子的存在对果粒大小影响较大，

图4-18　第一次疏果粒

最好等到大小粒明显时再进行为宜。第一次疏果粒一定要到位，常见的问题是担心果粒不够用，不舍得疏去果粒。具体每个果穗保留多少果粒可以参照表4-1。

表4-1 不同单粒重葡萄品种的疏果粒标准

品种类型		每穗果粒数（粒）	单穗重（克）
有核品种	小果粒品种（单粒重<12克）如夏黑、巨玫瑰	70左右	600左右
	中果粒品种（单粒重12 ~ 15克）如阳光玫瑰、红地球	50左右	600左右
	大果粒品种（单粒重>15克）如藤稔、黑色甜菜	40左右	600左右
无核品种	小果粒品种（单粒重<4克）如红宝石无核、火焰无核	170左右	600左右
	中果粒品种（单粒重4 ~ 6克）如红艳无核	120左右	600左右
	大果粒品种（单粒重>6克）如膨大剂处理后的无核白鸡心	90左右	600左右

图4-19 第二次疏果粒时的徒手操作

第二次疏果粒一般在果实封穗期进行，这一次疏果粒格外重要，因为这次疏果后葡萄果实即将进行套袋。将病虫危害果粒、裂果果粒、小果粒和局部拥挤的果粒剔除。如果这次操作时果粒过于紧密剪刀已经无法伸到果穗内部，如使用果实膨大剂的夏黑果实，可以徒手将果粒抠掉（图4-19）。需要注意的是每次完成疏果后，应该及时喷施一次防治白腐病和炭疽病的杀菌剂，减少疏果时剪口感染病菌的概率，同时加强园区的肥水管理，促进保留果粒的生长。

三、无核化及果实膨大处理

葡萄无核化是通过良好的葡萄栽培技术与葡萄无核剂处理相结合，使原来有核的大粒葡萄果实的种子软化或败育，以达到生产大果粒、早熟、无核、优质、高效的目的。

1 无核化处理的时期与方法

无核化的药剂处理分两次进行，首次处理的目的是诱导无核果产生，第二次处理是促进果实膨大。GA_3是诱导无核果产生的主剂，为增加效果，在GA_3中添加的辅剂有PCPA（防落素、促生灵、4-CPA）、6-BA、氯吡脲（CPPU）、链霉素（SM）等。GA_3诱导产生无核果的浓度，在阳光玫瑰上为12.5 ~ 25毫克/升，玫瑰露、马奶子等为100毫克/升，玫瑰香为50毫克/升，先锋与巨峰等四倍体葡萄以12.5 ~ 25毫克/升为宜；添加SM浓度为100 ~ 200毫克/升，CPPU为1 ~ 5毫克/升。处理时间，阳光玫瑰在满花后48小时内完成，马奶子在花前8 ~ 9天，巨峰在盛花期，先锋在盛花末期。药剂使用方法为浸蘸整个果穗，不宜喷洒施药。

无核化处理的效果与树势、栽培管理水平、处理的药剂浓度和时期等都有密切的关系，使用不慎，会出现果穗拉长，穗梗硬化，脱粒、裂果等现象，造成不必要的损失。

2 果实膨大处理的时间及方法

生产上，可采用植物生长调节剂促进果实膨大的葡萄品种有以下四类：自然无核品种，如无核白；三倍体品种，如夏黑；有核品种无核化处理，如阳光玫瑰；对激素敏感、增大效果明显的品种，如藤稔、红地球等。通过膨大处理，提高果实中生长类激素的含量，促进果实细胞分裂和增大。

温馨提示

切记一定要科学合理使用植物生长调节剂来增大果粒，不要盲目使用，更不要滥用，否则，果粒太大，会产生果梗粗硬、果实脱落、裂果、含糖量下降、着色不一致、成熟期推迟、品质变劣等副作用，得不偿失。

生产中常用的果实膨大剂及使用方法：

赤霉素（GA_3）

在无核品种上使用GA_3，一般均采用花后一次处理的办法，浓度通常为50～200毫克/升，使用的适期在盛花后10～18天。

三倍体品种促进坐果用一次，为了促进果粒膨大要再用一次，与首次间隔10～15天，浓度为25～75毫克/升。

有核品种阳光玫瑰在第一次处理后10～14天使用，浓度为20～25毫克/升；巨峰系葡萄品种在花后12～18天使用，浓度通常为25毫克/升。

吡效隆

吡效隆对葡萄浆果膨大有显著作用。与GA_3相比，其特点是促进浆果膨大的效果更显著，使用浓度较低，不易产生落粒现象。其使用浓度一般为2～10毫克/升。处理时间一般在花后7～15天。

吡效隆使用浓度不宜过高，否则易产生成熟延迟、着色不良、含糖量下降等副作用。与GA_3混合使用有提高效果、降低使用浓度、延长处理适期、减少副作用的效果。通常葡萄上以1～5毫克/升吡效隆混合25毫克/升GA_3处理，在果实膨大的同时，果形变短的副作用较轻。

噻苯隆

噻苯隆同吡效隆一样，也是一种细胞分裂素。葡萄坐果后喷施或浸蘸果穗可显著促进果粒膨大，使用方法同吡效隆。

赤霉素、吡效隆、链霉素复合膨大剂

赤霉素与吡效隆或噻苯隆及链霉素以复配的方式促进果粒膨大是目前常用的方法。如花后10天使用赤霉素25毫克/升+吡效隆2 ～ 5毫克/升+链霉素200毫克/升处理无核白鸡心葡萄果穗，膨大效果好于单独使用赤霉素的处理，链霉素可减少果蒂增粗、降低果梗木栓化。

奇宝

红地球葡萄于花后果粒横径约4毫米和12毫米时各使用奇宝20 000倍液（每克加20千克水）浸蘸和喷施果穗一次，可以显著促进果粒膨大，配合叶面肥和生长素、细胞分裂素使用，效果更好。其他葡萄品种使用方法可参考GA_3。

膨果产品

①红提大宝。"红提大宝"是中国农业科学院郑州果树研究所研制的红地球葡萄专用生物源果粒膨大剂，为绿色葡萄生产所允许。使用方法是将1包A剂和1包B剂溶于10 ～ 15升水中，于花后20天左右，果粒横径12 ～ 18毫米时浸蘸或喷施果穗1 ～ 2次。使用"红提大宝"结合配套的栽培管理措施，可显著促进红地球葡萄果粒膨大，一般可使单果粒重增加2克以上，比对照增加20%以上，并且品质不下降，成熟期基本不推迟，果梗硬化不明显。

②赤霉酸大果宝。夏黑在果实膨大期（见花第22 ～ 24天），使用农硕牌"赤霉酸大果宝"，1包兑水10千克，均匀浸蘸或喷施果穗一次，可显著促进果实膨大。

③噻苯隆。巨峰系葡萄品种在果实膨大期，可使用农硕牌噻苯隆，1包兑水7.5千克，均匀浸蘸或喷施果穗一次，可显著促进果实膨大。

四、果实套袋技术

套袋是将葡萄果穗套入果袋内，使果穗在与外界隔离的情况下生长，是一种生产优质鲜食葡萄的技术措施（图4-20）。套袋可以避免白腐病、炭疽病、黑痘病等多种葡萄果实病害的侵染，减少农药、尘土等污染，提高果实商品价值，增加经济效益，是发展绿色葡萄的重要途径。

图4-20 果穗套袋

1 果袋的种类与选择

果袋的种类

目前，葡萄常用果袋有大、中、小3种型号，果袋宽度18～28厘米，长度24～39厘米；材质有无纺布袋（图4-21）、塑膜袋（图4-22、图4-23）、纸

图4-21 无纺布袋

图4-22 白色透明塑膜袋

袋，其中纸袋又分为白色木浆纸袋（图4-24）、黄色木浆纸袋（图4-25）和复合袋（图4-26）。通常果袋的上口一侧附有一条长约6.5厘米的细铁丝，作封口用，底部两个角各有一个通气孔。

图4-23　黄色塑膜袋

图4-24　白色单层木浆纸袋

图4-25 黄色单层木浆纸袋

图4-26 复合袋

果袋的选择

果袋的选择从两个方面来考虑。第一是根据不同地区的降水量、光照和大风等气候条件来选择，比如南方高温、高湿，台风多，应选择强度好的果袋；西北干旱地区，质量一般的果袋即可。第二是根据不同品种果穗大小、果实着色特点及对日灼的敏感程度等来选择，如红地球，果穗大，要选大号果袋；阳光玫瑰，果皮的颜色受成熟度、果袋颜色的影响，而遮光率高的果袋可增加果皮绿色的程度，因此可根据消费者的颜色爱好来选择果袋。

2 套袋的时间

葡萄果穗的主要病害灰霉病、炭疽病等在花序出现后，如遇雨天，就可能侵染危害，因此，以防控果实病害为目的的套袋，应及早进行，但同时要考虑品种套袋后果实气灼和日灼的发生情况。如果气灼和日灼发生轻，疏果到位后，越早套袋越好；反之，在葡萄转色期之前套袋，管理上应加强对炭疽病和灰霉病的防控。总之，北方地区套袋的时间最好错过小麦收获后、玉米成苗前大地裸露的这段高温干旱时期，这样可以减轻气灼和日灼的发生程度。

另外，套袋要避开雨后的高温天气，尤其是阴雨连绵后突然转晴，如果立即套袋，会使日灼加重，因此要经过一两天，使果实稍微适应高温环境，补喷农药后选择在晴天10点前或16点之后或阴天时进行。

3 套袋前准备及药剂处理

套袋前3天全园灌1次透水，增加土壤湿度。套袋前全园喷施1次杀菌剂和杀虫剂，常用的药剂有37%苯醚甲环唑水分散粒剂4 000倍液+80%嘧霉胺水分散粒剂1 500倍液+70%吡虫啉水分散粒剂7 000倍液。再用上述药剂浸蘸果穗（图4-27）或淋洗式喷果穗，做到穗穗喷到，粒粒见药。喷药结束后待药液一干，即可套袋，尽量在当天将喷药的果穗全部套完。

图4-27　果穗蘸药

4 套袋方法

套袋前先将纸袋有细铁丝（1捆100个袋）的一端浸入水中5～6厘米，浸泡数秒（图4-28），使上端纸袋湿润，这样不仅柔软，还易将袋口扎紧。手伸入果袋中，将果袋撑开，并确保袋底部的两个通气口张开，由下向上将果穗套入纸袋内，当穗梗的大部进入果袋后，再将袋口从两侧收紧到穗梗上，然后将袋上自带的细铁丝转一到两圈扎紧

图4-28　果袋口浸湿

(图4-29)，使果袋口扎成图4-30的样子，注意袋子不能贴在果实上。在整个操作过程中，尽量不要用手触摸果实。套袋结束后，全园再灌一次透水，降低园内温度，减轻日灼的发生。

图4-29 封袋口

图4-30 套袋完成

5 套袋后管理上应注意的问题

预防日灼

为了预防日灼，首先在夏季修剪时，在果穗附近适当选留几个副梢，以增加叶片遮盖果穗；其次选用透气性好的果袋，对透气性不良的果袋可剪去袋下方的一角，促进通气；在气候干旱、光照强烈的地方，棚架栽培也可预防日灼的发生；葡萄园生草也是降低果园温度的有效办法，可预防日灼的发生。另外在套袋前后及时灌水是减轻日灼发生的重要措施。

套袋后果实病虫害的防治

套袋后，虽然果实得到了果袋的保护，但也增加了病害和虫害防治的难度。葡萄果穗套袋后要经常解袋观察果穗，密切注意玉米象、棉铃虫、康氏粉蚧和茶黄蓟马等容易入袋危害的害虫和果实上的炭疽病、灰霉病、白腐病等。如果发生病虫危害可以用小喷壶，从果袋下部通气口或人为在果袋下部剪出的小口向内喷药。治疗炭疽病的药剂有25%咪鲜胺乳油1 000倍液、10%苯醚甲环唑水分散粒剂1 500倍液。治疗灰霉病的药剂有22.2%抑霉唑乳油1 500倍液、50%啶酰菌胺水分散粒剂1 500倍液。治疗白腐病的药剂有40%氟硅唑乳油6 000 ~ 8 000倍液，10%苯醚甲环唑水分散粒剂1 500倍液。防治虫害的药剂有70%吡虫啉水分散粒剂6 000 ~ 8 000倍液、5%甲氨基阿维菌素苯甲酸盐水分散粒剂1 500 ~ 2 000倍液。以上药剂可以相互混用，以节省人工和时间。

五、防止落花落果

除品种特性外，树体营养不良，病虫害及灾害性天气等，都会引起大量落花落果。生产上，防止落花落果的措施如下。

1 加强肥水管理，增强树体营养

加强后期管理

加强果园管理，尤其是要加强采果后的管理，秋施基肥，保护叶片，使叶片保持较高的光合功能，增加树体养分的积累，为来年早春花序、花蕾、雌雄配子体的发育和叶片的生长提供尽可能多的营养。

追施速效肥，合理灌水

萌芽前1 ~ 2周，气温稳定在10℃，葡萄芽眼开始膨大时即可追萌芽肥。此期追肥以硝酸磷肥为首选，一般每亩施15 ~ 20千克，或氮磷钾复合肥15 ~ 20千克。由于此时地温低，尿素很难被植物吸收，因此不建议用。

对于容易出现落花落果问题的品种如巨峰，如果树体生长正常，在春季萌芽前浇过萌芽水以后，就应严格控制肥水，如果新梢没有出现严重生长衰弱或干旱，就不要进行任何施肥和灌水，直到坐稳果以后，再及时补充肥水。

2 重视早春病虫害防治

灰霉病（图4-31）、穗轴褐枯病（图4-32）、霜霉病等，是造成花序、花序轴、花果等腐烂的重要原因。巨峰及巨峰系品种在大田以穗轴褐枯病为主，并与灰霉病混合发生；保护地栽培、南方避雨栽培，以灰霉病为主，并与白粉病或穗轴褐枯病混合发生；西部干旱区以灰霉病为主。病毒病、黑痘病、蔓枯病、花期绿盲蝽危害等，都有造成严重落花

图4-31 灰霉病造成的落花落果

图4-32 穗轴褐枯病造成的落花落果

落果的记录，但属于个别现象。另外葡萄绿盲蝽对葡萄花序和幼果的危害也会造成葡萄花序退化，花蕾、幼果脱落，从而降低葡萄的坐果率。

对上年发病比较严重的葡萄园，在绒球期用5波美度石硫合剂清园。在开花前用50%腐霉利可湿性粉剂1 500 ~ 2 000倍液、50%异菌脲可湿性粉剂750 ~ 1 000倍液、22.2%抑霉唑乳油1 500倍液、50%啶酰菌胺水分散粒剂1 500倍液预防灰霉病的发生。对于穗轴褐枯病，可用10%多抗霉素可湿性粉剂800 ~ 1 000倍液、3%多抗霉素水剂600 ~ 800倍液、75%百菌清可湿性粉剂600倍液、80%代森锰锌可湿性粉剂600 ~ 800倍液、10%苯醚甲环唑水分散粒剂1 500 ~ 2 000倍液、50%异菌脲可湿性粉剂1 000 ~ 1 500倍液预防。绿盲蝽可用70%吡虫啉水分散粒剂6 000 ~ 8 000倍液、5%甲氨基阿维菌素苯甲酸盐水分散粒剂1 500 ~ 2 000倍液防治。以上药剂可以相互混用，同时预防灰霉病、穗轴褐枯病和绿盲蝽的发生。

3 新梢摘心和副梢处理控制营养生长

葡萄植株营养生长过旺，会使营养生长和生殖生长不协调，新梢徒长和花序、果穗的发育互相竞争养分，而叶片所同化的有机养料首先供给新梢顶端生长，然后再把多余的养料供给其他部分。因此，花前适时进行新梢摘心，能抑制新梢的生长，调节树体内养分的运输，促使养分流向花序提高坐果率。

具体方法：落花落果较轻的品种，开花前3 ~ 5天，在新梢花序上部4 ~ 5片叶处进行摘心，新梢上的副梢采用“单叶绝后”的方法进行处理；落花落果严重的品种，开花前3 ~ 5天，在新梢花序上部3 ~ 5片叶处进行摘心，新梢上的副梢全部从基部去除。

4 及时整理花序

在花序分离期到花朵分离期这段时间，掌握弱树和中庸树要早、旺树可以晚的原则，疏除多余的花序，使养分集中供应保留花序的发育。开花前，通过花序整形调整花序的大小和形状，使开花期相对一致，提高保留花朵的坐果率。

5 花前主干环剥

开花初期进行主干环剥（图4-33）也可以提高坐果率（环剥宽度应不超过主干粗度的1/8 ~ 1/5），用塑料薄膜包扎，不要伤及木质部。

图4-33　主干环剥促进坐果

6 花期叶面喷硼

在开花前7 ~ 10天、盛花期各1次，每亩叶面喷施硼酸20 ~ 30克，使用浓度为0.2%，以促进花粉管伸长，提高受精和坐果率。

7 利用植物生长调节剂提高坐果率

使用生长抑制剂提高坐果率

在花前3 ~ 5天，梢尖喷施50 ~ 100毫克/千克矮壮素或100毫克/千克甲哌鎓，都可以有效地抑制新梢和副梢的生长，平衡营养生长与生殖生长的关系，提高坐果率。

使用赤霉素等保果剂提高坐果率

在生理落果初期使用赤霉素15 ~ 25毫克/千克+氯吡脲3 ~ 5毫克/千克浸蘸果穗可以有效提高坐果率（图4-34）。为了促进果粒膨大，可在保果处理后10 ~ 15天幼果迅速生长期（图4-35）使用赤霉素20毫克/千克+氯吡脲3 ~ 5毫克/千克浸蘸果穗或淋洗式喷淋果穗。

图4-34　使用赤霉素等保果剂处理时期

图4-35　第一次果粒膨大处理时期

温馨提示

需要说明的是，使用植物生长调节剂进行保果和膨大果粒在正常年份可以有效解决坐果率低的问题，但最终效果受气候条件和处理时期影响极大。同时使用保果剂和膨大剂会使葡萄果梗变粗、加重成熟期的落果，有裂果倾向的葡萄品种裂果问题会加重。

8　改善葡萄园小气候

改善葡萄园小气候主要从改善葡萄园的温度、湿度入手，使葡萄园达到通风、透光。

具体方法：首先搭建避雨棚，可以有效降低葡萄园湿度，提高温度。其次葡萄树应合理密植，确定适宜的葡萄行间距，即在保证产量的前提下，做到“三带”（种植带、耕作带和通风透光带）合理，使整个葡萄园通风透光。最后是合理引绑枝条，在花期使整个果园的每个葡萄花序和果穗都不被叶片遮挡，都能被阳光照到，被微风吹到。从而使葡萄花序充分发育、花粉能够顺利到达柱头，完成授粉受精。

第五章

葡萄嫁接换优

嫁接时期及方法

砧木、接穗的准备

嫁接具体操作

嫁接后管理

用嫁接技术更换葡萄品种、改造老园，可避免重茬问题，不但省钱省工，而且见效快。

一、嫁接时期及方法

葡萄的嫁接一般用枝接，有硬枝嫁接和绿枝嫁接两种方法，其中以绿枝嫁接在生产上最常用。

1 绿枝嫁接

绿枝嫁接又称嫩枝嫁接，该方法简单易行，嫁接时间长，接穗来源广泛，成活率高。一般新梢第4～5片叶达到半木质化时即可以进行嫁接，河南郑州地区5月20日前后开始，一直可持续到6月下旬，7月以后嫁接虽然也能成活，但枝条成熟老化度不好，冬天容易冻死。另外，嫁接时避开高温天气。

2 硬枝嫁接

与绿枝嫁接相比，硬枝嫁接时间短，成活率相对较低。硬枝嫁接在当地平均气温达到9℃以上，葡萄根系开始活动、伤流之前进行。

二、砧木、接穗的准备

1 砧木的准备

对将要改接的葡萄树（砧木）根据树势和树龄用不同的方法处理。

多头改接

对于树龄在10年以下，且长势较旺的树，冬剪时按正常架面修剪，选生长直立、健壮的一年生枝留1～2个芽短截，作为来年春季硬枝嫁接的位置；若计划绿枝嫁接，则只需在合适位置的一年生枝留1～2个芽短截，待萌芽后留生长直立、健壮的枝条培养做砧木。多头改接的优点是结果快，缺点是嫁接时用工多，接穗需要量较大。如果接穗稀缺，也可考虑在主干的合适高度剪截嫁接。总之，可根据实际情况，灵活把握。

平茬改接

对于树龄在10年以上，且长势较弱的树，一种做法是冬剪时将主干（主蔓）从地面处截断，促生根蘖，选3 ～ 5个根蘖培养做砧木，其余清除，待到枝条半木质化后进行绿枝嫁接；另一种做法是主干地面上留10厘米左右，硬枝劈接，嫁接好后培土将接穗埋在土中，接芽萌发后长出土堆。

2 接穗的采集与处理

接穗从品种纯正、植株生长健壮的结果树上采集。

用于硬枝嫁接的接穗，在葡萄落叶后，结合冬季修剪采穗。接穗选择成熟度好、芽眼饱满、节部膨大、无病虫害的一年生枝条。每50根或100根扎成一捆，挂上标签牌，沙藏。有条件的情况下，在地温升到10℃时，转入冷库保存。嫁接前1天取出接穗，用清水浸泡12 ～ 24小时，使接穗吸足水分。

绿枝嫁接的接穗，取当年新梢中部半木质化、夏芽明显膨大的枝条（也可用副梢），1 ～ 2个芽一穗，去叶片并留约1厘米长的叶柄。最好随采随接，提前采穗时，时间不应过久，要特别注意防止接穗失水。

三、嫁接具体操作

枝接方法虽然较多，但在葡萄上最常用的是劈接法，即硬枝劈接、绿枝劈接。嫁接前浇一次透水，以保证土壤水分充足。

1 绿枝劈接

砧木枝条留3 ～ 4片叶剪断（满足整形要求的前提下，尽量多留叶片），在砧木横切面中心线垂直劈下，劈口长2.5 ～ 3厘米。接穗取1 ～ 2个饱满芽，在顶芽以上1.5 ～ 2厘米和下部芽以下3 ～ 4厘米处截断。在下芽两侧分别向中心切削成2 ~ 3厘米长的光滑楔形削面，随即将接穗插入砧木切口，接穗削面最上部留1 ~ 2毫米在砧木劈口的上面（露白），至少有一侧的形成层对齐，再用宽3厘米、长30厘米左右的嫁接膜由砧木劈口下端1厘米处往上缠绕（图5-1），包裹住上端剪口后，再反转向下缠绕，除芽外露，其他部分全部缠绕严密（图5-2）。

图5-1 从下部开始缠绕砧木和接穗

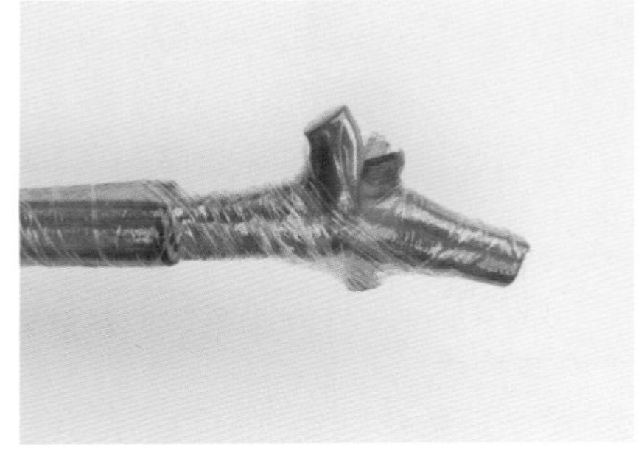

图5-2 包裹好的砧木和接穗

在正常气候条件下，嫁接后10天左右，接芽即开始萌发（图5-3），至秋季能长出2米左右，次年即有一定的产量，绿枝嫁接的成活率可达90%。

图5-3 嫁接成活后生长的新梢

2 硬枝劈接

硬枝劈接的操作与绿枝劈接基本相同。特别要提的两点分别是：①在一年生枝上嫁接时，砧木留5厘米（冬季修剪时剪留也可），但如果要升高结果部位，砧木可留长些；②砧木劈口比绿枝劈接长约0.5厘米，砧木劈口下部留0.5厘米不缠绕绑膜，作为伤流液的排出口。

四、嫁接后管理

嫁接后管理是嫁接换优工作中的重要部分，管理水平直接影响到嫁接苗的成活和生长发育。

1 检查成活情况及解除绑膜

在正常气候条件下，绿枝嫁接后7 ~ 10天、硬枝嫁接后15 ~ 20天检查成活情况，成活的接穗上芽新鲜、饱满，叶柄一碰即落（绿枝嫁接），甚至已经萌发叶芽，而未成活的枝条干枯。观察砧木和接穗愈合情况，绑膜有轻微勒缢嫁接口时，用嫁接刀划破绑条解绑。如果解绑过晚，会影响接口处增粗和枝条生长；过早则伤口愈合处开裂，容易死亡。

2 除萌蘖

嫁接后，砧木上的芽大多数会早于接穗的芽萌发，这样会影响接穗发芽，严重的会导致接穗死亡。除萌蘖需进行多次，第一次在检查成活的同时进行。当接穗芽萌发后快速生长时，萌蘖会大大减少或不发生。需要注意的是，对于大树改接，早期除萌蘖的原则是：在保持接穗芽的顶端优势的同时，留较多的叶片哺养根系，即只抹去嫁接口附近的萌蘖，而对嫁接口下部位低的萌蘖，留2 ~ 3片叶甚至更多叶摘心即可。

3 绑蔓、抹芽和摘心

当嫁接芽萌发长到30 ~ 40厘米长时，应及时绑蔓，以防风刮折。抹芽和摘心根据不同树形培养进行，具体见第三章内容。

4 补接

嫁接失败后，应抓紧时间补接。硬枝嫁接的补接，可在伤流结束后再次嫁接。如果没有保存接穗或是用绿枝嫁接的，则在合适位置留生长健壮的新梢培养，待到枝条半木质化后进行绿枝嫁接。

5 田间管理

嫁接后要注意土壤水分充足，以保证植株水分供应，促进嫁接口愈合。在发现缺肥时，要及时追肥，包括叶面喷肥。除此之外，还要注意中耕除草，病虫害防治。秋季适当控制肥水，促进枝条成熟。

第六章

修剪工具及机械简介

修剪与嫁接工具

修剪机械

一、修剪与嫁接工具

1 修枝剪

修枝剪要求刃口吻合密切，刀刃锋利，剪枝不夹皮，剪簧软硬适中，剪柄宽阔平缓，使用称手（图6-1）。

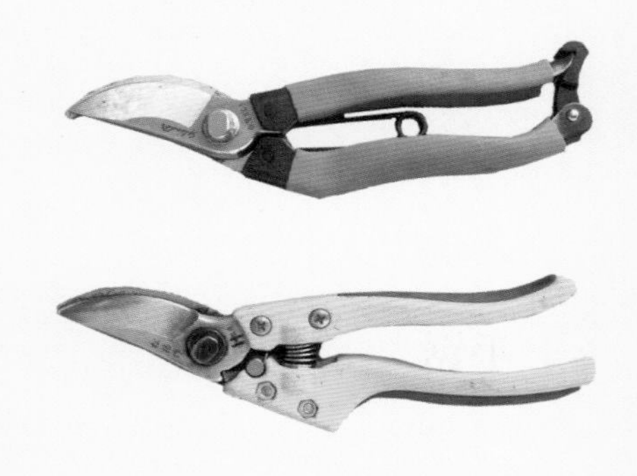

图6-1 修枝剪

新剪刀可直接使用，剪刃需磨时，一般也不拆开。只要枝条能含到剪口中，一般都能被剪断。剪枝时特别是粗大枝只能上下转动，绝不能左右扳拧，这样剪刀容易松口，刀刃也容易崩。修枝剪在使用较多时固定剪刃的螺丝会动，造成两剪刃过松或过紧，可通过拧螺丝调整。

对于粗大枝，可使用长柄修枝剪（图6-2）。由于杠杆的作用力，长柄修枝剪剪枝时比较省力。在较高的棚架修剪时，可选用高枝剪（图6-3）。以上3种修枝剪均为手动式，生产上还有多种型号的电动修枝剪（图6-4）。

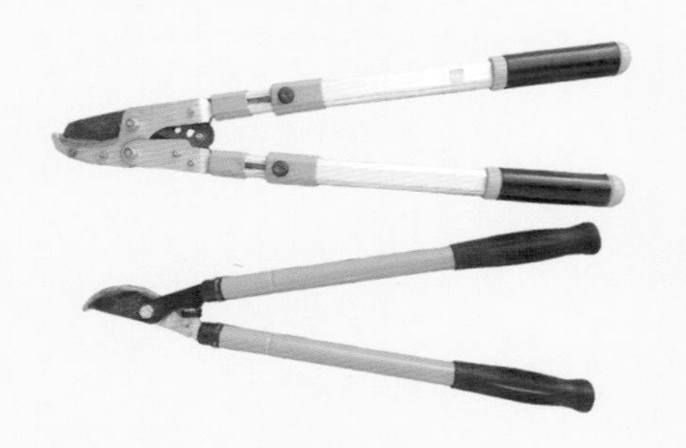

图6-2 长柄修枝剪

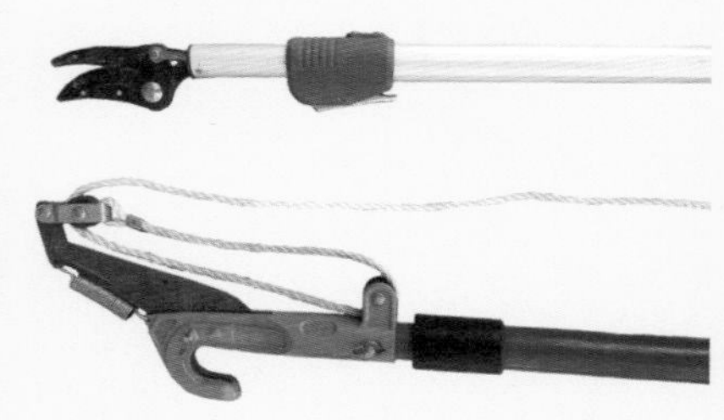

图6-3 可伸缩高枝剪

图6-4　电动修枝剪

2 疏果剪

用于疏花、整理果穗及采果（图6-5）。

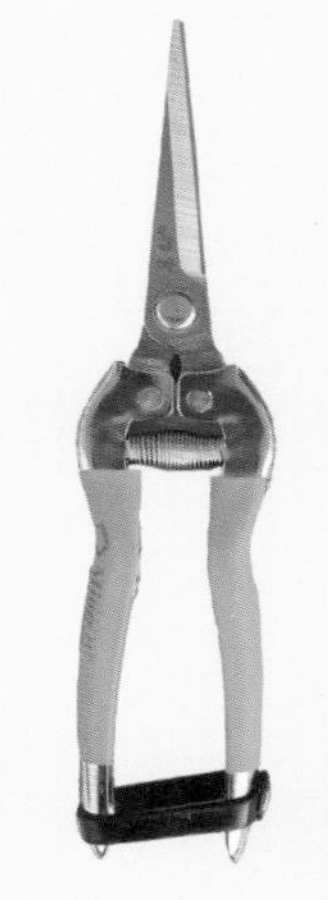

图6-5　疏果剪

3 手锯

手锯常用的有直锯和折叠锯（图6-6）。锯枝时用力要均匀，锯口要光滑。手锯不锋利时可用棱形锉刀磨锯齿。

4 环割环剥器

用于环割或环剥（图6-7）。

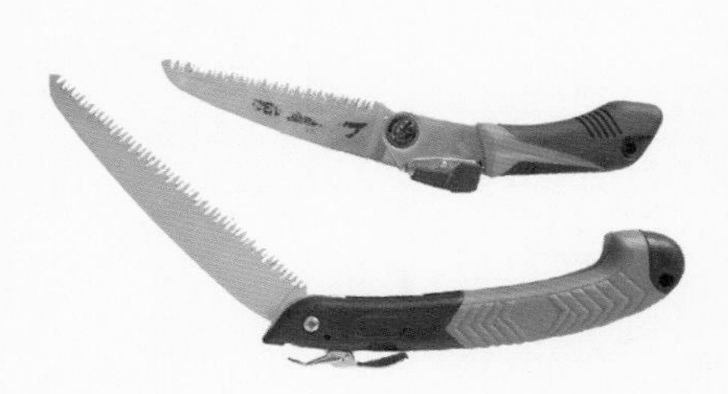

图6-6　手　锯

图6-7　环割环剥器

5 嫁接刀

葡萄嫁接时采用枝接，所用枝接刀如图6-8所示，其中上为左手用刀（自制），下为右手用刀。嫁接时还可以选用嫁接器（图6-9），操作起来更为方便。

图6-8 枝接刀

图6-9 嫁接器

二、修剪机械

1 冬季修剪机

葡萄冬季修剪机适用于单篱架整形的葡萄园。对于机械修剪的葡萄园，当机械修剪过后，还应进行人工复剪，图6-10、图6-11为常用的葡萄树冬季修剪机械。

图6-10 悬挂式葡萄冬季剪枝机

图6-11　座椅式葡萄冬季剪枝机

2 夏季修剪机与疏叶机

夏季修剪机

葡萄夏季修剪机（图6-12）用于面积大的单篱架整形的酿酒葡萄园，去除副梢和打头，但精细化管理的鲜食葡萄园不用。

图6-12　葡萄夏季修剪机

疏叶机

图6-13为葡萄疏叶机。使用夏季修剪机后，副梢会生长出二级副梢，叶片会遮挡果实，从而不利于果实见光着色，药液也很难喷到果实上，此时，可用疏叶机疏除果实周围的叶片。

图6-13 葡萄疏叶机

3 枝条收集机

拖拉机牵引耙状装置，将剪下来的枝条收集起来，粉碎还田或清理出果园（图6-14）。适用于平地果园，棚架用时要注意拖拉机的高度。

图6-14 枝条收集机

4 枝条粉碎机

将剪下来的枝条粉碎（图6-15）。由于环保要求，以前焚烧处理枝条的办法已不适用，导致大量的枝条无处堆放，但可粉碎后还田。应该注意的是，因为枝条带有一定量的虫卵、病原菌，所以最好接种菌种或自然发酵后再用作肥料。

图6-15 两种型号的枝条粉碎机

主要参考文献

昌云军,2016. 葡萄现代栽培关键技术[M]. 北京:化学工业出版社.
晁无疾,单涛,张燕娟,2017. 实用葡萄设施栽培[M]. 北京:中国农业出版社.
陈敬谊,2016. 葡萄优质丰产栽培实用技术[M]. 北京:化学工业出版社.
孔庆山,2004. 中国葡萄志[M]. 北京:中国农业科学技术出版社.
蒯传化,刘崇怀,2016. 当代葡萄[M]. 郑州:中原农民出版社.
吕中伟,罗文忠,2015. 葡萄高产栽培与果园管理[M]. 北京:中国农业科学技术出版社.
牛生洋,刘崇怀,2018. 葡萄园生产经营致富一本通[M]. 北京:中国农业出版社.
孙海生,张亚冰,2018. 图说葡萄高效栽培[M]. 北京:机械工业出版社.
王田利,王军利,薛乎然,2016. 现代葡萄生产实用技术[M]. 北京:化学工业出版社.
徐海英,2015. 葡萄标准化栽培[M]. 北京:中国农业出版社.
张一萍,张未仲,2014. 葡萄整形修剪图解[M]. 北京:金盾出版社.